应用型本科 电气工程及自动化专业"十三五"规划教材

电气工程基础

张 菁 编著

西安电子科技大学出版社

内 容 简 介

本书共分为五章，主要内容包括：绪论、负荷计算及功率因数的提高、电气主接线、载流导体的发热和电动力、电气设备的选择。本书每章均附有思考题；书末附录有供授课、解题及课件设计用的导体及电气技术数据。本书层次分明、重点突出，逻辑性、实用性强，便于自学、记忆和讲授。本书引用较多实例来说明相关设计及计算，可增强学生对本课程的全面理解。

本书主要作为普通高等学校电气工程及其自动化专业、电力系统及其自动化专业或其他相关专业的教材，也可作为高职高专及函授教材，还可作为工程技术人员的参考书。

图书在版编目(CIP)数据

电气工程基础/张菁编著. —西安：西安电子科技大学出版社，2017.7

应用型本科 电气工程及自动化专业"十三五"规划教材

ISBN 978 - 7 - 5606 - 4514 - 8

Ⅰ. ① 电…　Ⅱ. ① 张…　Ⅲ. ① 电气工程—高等学校—教材　Ⅳ. ① TM

中国版本图书馆 CIP 数据核字(2017)第 137985 号

策划编辑　马乐惠
责任编辑　杨　璠　马乐惠
出版发行　西安电子科技大学出版社(西安市太白南路 2 号)
电　　话　(029)88242885　88201467　　邮　　编　710071
网　　址　www.xduph.com　　　　电子邮箱　xdupfxb001@163.com
经　　销　新华书店
印刷单位　陕西利达印务有限责任公司
版　　次　2017 年 7 月第 1 版　2017 年 7 月第 1 次印刷
开　　本　787 毫米×1092 毫米　1/16　印张 10.5
字　　数　243 千字
印　　数　1～3000 册
定　　价　20.00 元

ISBN 978 - 7 - 5606 - 4514 - 8/TM

XDUP　4806001 - 1

＊ ＊ ＊ 如有印装问题可调换 ＊ ＊ ＊

前言

　　本书是根据培养应用型本科人才的需要，针对我国电力工业发展的实际，在总结教学经验、吸收以往教材长处及有关工程技术人员意见的基础上编写的。本书编写的思想是：① 采用符合教学规律和实际应用的体系；② 在内容上尽量覆盖电气部分的有关方面，对学生通过自学就能学懂的内容指定为"以自学为主"，这样既解决了课时限制的问题，又能让学生掌握较完整的知识；③ 考虑到课时限制及有关内容不宜割裂和重复，部分内容不安排在本课程讲授，其中"主接线可靠性的定量分析"宜另开选修课，大电机方面的内容宜在"电机学"中讲授，变压器方面仅讲授在"电机学"中未涉及的部分，以便配合课程设计；④ 注意到新技术和新设备在电力系统中的应用。作为教材，每章末均附有思考题；书末附录有供授课、解题及课件设计用的导体及电气技术数据；书中引用较多实例来说明相关设计及计算，可增强学生对本课程的全面理解。

　　本书重点突出、逻辑性强、层次分明、便于自学、便于记忆、易于讲授、实用性强，亦可供其他专业作教学用书或供从事电力工作的工程技术人员参考。

　　本书由上海工程技术大学电气工程系张菁老师编写。全书经上海电力设计院邢洁高级工程师仔细审阅，她结合电力系统实际提出了许多宝贵意见，在此编者表示衷心的感谢。

　　由于编写时间仓促，不足之处在所难免，恳请广大师生批评指正。

编　者

2017 年 6 月

目录
MULU

第1章 绪 论 ··· 1

  1.1 电力系统概述 ·· 1

  1.2 发电厂 ·· 13

  1.3 变电所类型 ·· 20

  1.4 发电厂和变电所电气设备简述 ·· 21

  思考题 ··· 26

第2章 负荷计算及功率因数的提高 ··· 27

  2.1 负荷计算 ·· 27

  2.2 供电系统的功率损耗和电能损耗 ··· 43

  2.3 工厂的计算负荷和年电能消耗量 ··· 46

  思考题 ··· 51

第3章 电气主接线 ·· 52

  3.1 对电气主接线的基本要求 ·· 52

  3.2 电气主接线的基本形式 ··· 54

  3.3 发电厂和变电所主变压器的选择 ·· 70

  3.4 限制短路电流的措施 ··· 75

  3.5 各类发电厂和变电所主接线的特点及实例 ·· 80

  3.6 主接线的设计原则和步骤 ·· 86

  思考题 ··· 91

第4章 载流导体的发热和电动力 ··· 93

  4.1 载流导体的发热 ·· 93

  4.2 载流导体短路时的电动力 ·· 99

  4.3 导体振动时的动态应力 ··· 105

  思考题 ··· 108

第 5 章　电气设备的选择 ·· 109

　5.1　电气设备选择的一般条件 ·· 109

　5.2　母线和电缆的选择 ·· 112

　5.3　高压断路器、隔离开关及高压熔断器的选择 ···················· 122

　5.4　限流电抗器的选择 ·· 125

　5.5　互感器的选择 ·· 128

　思考题 ··· 135

附录 1　负荷的需要系数及功率因数值 ···························· 136

附录 2　导体及电气技术数据 ·································· 140

参考文献 ·· 159

第1章　绪　论

本章先简要概述电力系统的构成,再分别介绍各类型发电厂及变电所,最后简述发电厂和变电所的电气设备。希望通过本章能使学生对电力系统建立初步认识,掌握发电厂和变电所一次设备的原理、电气主系统的设计方法及二次回路的构成和动作原理,树立工程观点。

1.1　电力系统概述

1.1.1　电力工业的起源

19 世纪上半叶电磁学的蓬勃发展为电气技术的兴起奠定了理论基础,而电能的应用则促进了工业化国家生产力的飞速发展。1820 年奥斯特通过实验证实了电流的磁效应,1831 年法拉第发现了电磁感应定律,这些发现很快促成了电动机与发电机的发明。电机制造与电力输送技术的发展首先是从直流开始的。为了照明的目的,原始的直流发电机连接到电力线路上采用 110～220 V 直流电供给串联的弧光路灯,供电距离为 1～2 km。1882 年法国人德波里首先实现了较高电压的直流输电。德波里将密士巴赫小水电站 3 马力(1 马力＝735.5 瓦)直流发电机的电能经过长 57 km、直径为 4.5 mm 的钢线敷设的架空线送至慕尼黑国际博览会,用以驱动水泵运转。其中,送端电压为 1300 V,受端电压约为 850 V,输送功率 1.5 kW,效率为 60％。

随着生产的发展,要求增大输送功率与输电距离,提高输电效率,这就要求提高输电电压,但为了避免出现电晕所以发电机电压不可能提得很高,且直流高压输电与用户低压用电之间存在着难以克服的矛盾,使得当时的直流输电制遇到很大挑战。法国工程师芳建与瑞典工程师塞雷提出的直流电机串联制使得输送电压有所提高,但终因价格昂贵及运行复杂难以为继。而交流制却可使用变压器,从而简单、经济、可靠地解决了提高输电电压的问题,使得塞雷制的直流输电系统(见图 1-1)逐渐被新兴的三相交流输电制所代替。

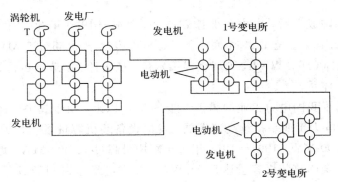

图 1-1　塞雷制的直流输电系统

1885 年匈牙利工程师吉里等研究出封闭磁路的单相变压器，由此实现了单相交流输电。但由于单相交流电动机启动困难，不能保证增加发电厂的容量和扩大电网的伸展长度。1889 年俄国工程师多里沃·多勃罗沃耳斯基先后发明了三相异步电动机、三相变压器和三相交流制。1891 年德国工程师奥斯卡拉·冯·密勒主持建立了最早的三相交流输电系统（见图 1-2），它由鲁芬镇输电至法兰克福，输送距离是 175 km，输送功率约为 130 kW，输送效率为 75.2%。其中，设在鲁芬镇的水轮发电机组转速为 150 r/min，频率为 40 Hz，电压为 95 V，功率为 230 kV·A。经升压变压器将电压升高至 15 200 V，然后用直径为 4 mm 的裸铜线进行输电。再在法兰克福设降压站，用两台变压器将电压降至 112 V，其中一台供给白炽灯，另一台供电给异步电动机用以驱动一台 75 kW 的水泵。上述工程的建成标志着历史上输电技术的重大突破，由此奠定了现代电力系统的输电模式。

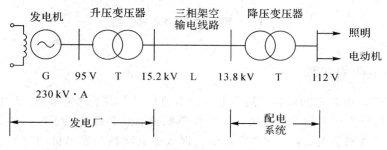

图 1-2　密勒制三相交流输电系统

1.1.2　我国电力工业发展概况

电力工业是国民经济的关键部门，它为实现工农业生产、科学技术的现代化和提高人民的生活水平提供动力。电力工业是先行工业，它的发展必须优先于其他工业，整个国民经济才能不断前进。世界各国经济发展的经验表明：国民经济每增长 1%，电力工业就要求增长 1.3%～1.5%。工业发达国家几乎每 7～10 年装机容量就要增长一倍。

我国具有丰富的能源资源。我国水电资源蕴藏量达 676 GW，居世界首位。煤、石油、天然气资源也很丰富。煤的预测量约为 4500 Mt，可利用的风力资源约为 160 GW。这些优良的自然条件为我国电力工业的发展提供了资源基础。但过去中国的电力工业却非常落后，1949 年全国的总装机容量仅为 1849 MW，年发电量仅有 4.3 TW·h，分别居世界第 21 位和第 25 位。

中华人民共和国成立后，电力工业蓬勃向上。1949—1980 年 30 年间发电设备的年平均增长速度达到 12.45%。至 1980 年底，全国总装机容量增至 65 869 MW，列居世界第八位；年发电量增至 300.6 TW·h，列居世界第六位。从设计、制造到运行、管理已初步建成较完整的电力工业体系。

改革开放推动了我国电力工业的腾飞。自 1978 年以来，由于我国经济体制改革和对外开放政策的实践，电力工业呈持续高速发展，发电设备装机容量增长快速，自 1987 年，每年新增量超过 10 000 MW。1991—1998 年每年新增量超过 15 000 MW。增长速度居世界首位。至 1998 年末，全国总装机容量达 277 GW，全年发电量达到 1157.7 TW·h，均比 1980 年增长近四倍，并超过了日本和俄罗斯，仅次于美国，跃居世界第二位。2006 年末，全国总装机容量突破 600 GW，稳居世界第二位。近些年，中国电力事业发展迅猛，2012 年装机容量达 10.6 亿千瓦，居世界第二位，年发电量达 4.8 万亿千瓦时，居世界第一位。截至 2013 年底，全国发电装机容量达到 12.47 亿千瓦，跃居世界第一位。其中，火电 8.62 亿千瓦，占全部装机容量的 69.13%，35 年来首次降至 70% 以下。同时，清洁能源占比也首次突破 30%。

2016 年 4 月，《全球新能源发展报告 2016》在北京发布。报告显示，从发电角度看，中国发电装机容量和发电量均居全球第一。太阳能光伏累计装机容量为世界第一。中国晶硅组件产能和产量都占到全球 70% 以上，在世界范围内仍然保持领先地位。在新能源汽车领域，2015 年中国销量 33.1 万辆，同比增长 3.4 倍，首次超越美国成为全球最大的新能源汽车生产国。并且 2015 年中国新能源产业融资额约为 1105.2 亿美元，继续位居全球首位。同时，在光伏新增装机容量、风电市场、新能源汽车等领域，中国相关指标也都位居世界前列。在各类新能源应用规模方面，中国、日本和美国分别以 17 GW、13.5 GW、8 GW 的光伏新增装机容量，继续处于全球光伏发电市场的主导地位。中国累计装机容量达到 50 GW，首次超过德国，成为全球光伏累计装机容量最大的国家。同时，中国继续在风电市场保持增长态势，26.2 GW 的新增装机容量居全球榜首。《全球新能源发展报告 2016》对未来整个新能源发展作出预测。从前景来看，2016—2021 年，太阳能发电在整个新能源份额中将保持主力角色，其他新能源也将有不同程度增长。

20 世纪 80 年代我国国民生产总值的年增长率约为 9%，而我国在这一时期的年发电量的增长率约为 7.5%，这说明电力供应不足，影响了工业产值的发展。此外，输变电设备容量的增长率又低于发电设备容量的增长率，使有限的发电设备不能充分发挥效益。20 世纪 90 年代上述现象已有所改观。这一时期我国国民生产总值的年增长率为 7.1%～9.0%，而年发电量的增长率为 8.0%～9.6%。20 世纪 80 年代以来我国年发电量的增长率高于一次能源消耗量的增长，发电用能源占一次能源总消耗量的比重不断提高，在 1980 年、1985 年、1990 年和 1995 年的这一比重分别为 18.6%、21.2%、26.5% 和 31.5%。这说明我国国民经济电气化的程度正在不断提高。而相应的能源强度（能源强度指单位产值所消耗的能源，以每美元产值消耗的标准油重 kg/美元为单位）随着这一比重的提高不断下降，分别为 14.3 kg 标油/美元、11.0 kg 标油/美元、9.9 kg 标油/美元和 7.1 kg 标油/美元。这说明我国的能源效率有所提高且节能潜力还很大。

随着近年来市场经济的孕育，我国电力负荷的构成也在发生变化。重工业用电比重在下降，城乡居民生活用电、商业、交通及建筑业用电在不断上升。2015 年，全社会用电量 55500 亿千瓦时，同比增长 0.5%。分产业看，第一产业用电量 1020 亿千瓦时，同比增长 2.5%；第二产业用电量 40046 亿千瓦时，同比下降 1.4%；第三产业用电量 7158 亿千瓦时，同比增长 7.5%；城乡居民生活用电量 7276 亿千瓦时，同比增长 5.0%。

自 1980 年以来，电力工业已有显著发展，但仍然不能满足国家经济发展和全社会进步的需要。社会人均用电量是衡量现代化的粗略判据。我国全社会用电量近 10 年已有显著进步，见图 1－3。

数据来源：中国电力企业联合会，中国产业信息网整理

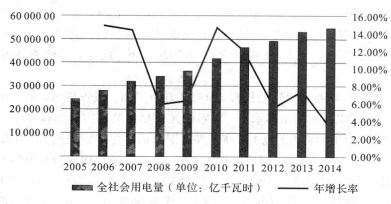

全社会用电量（单位：亿千瓦时） ——— 年增长率

图 1-3　我国 2005—2014 年全社会用电量及年增长率

1996 年平均每个中国人拥有 0.2 kW 的装机容量以及具有 918 kW·h 的电能消耗。其中 94 kW·h 是城乡住宅的份额，约为世界平均消耗定额的 1/3，等值于工业国家消耗定额的 1/7～1/10。进入 21 世纪以来，国家投入大量资金用于农网改造，使得城乡居民生活用电同网同价，大量减轻农民电费负担。全国实施"户户通电"工程，使 22 个省（自治区、直辖市）实现户户通电，全国除西藏、青海和新疆外，行政村通电率达到 99% 以上。

1.1.3　电力系统基本概念

一、电能质量及对电力系统的要求

1. 电能的特点

电能的生产、输送、分配和使用具有以下特点：

（1）电能的生产、输送、分配和使用是同时进行的。目前，电能还不能大量、廉价地储存，电能的生产、分配和使用必须同时完成，因此发电厂必须根据用电需要不间断地进行生产。

（2）电能的应用范围非常广泛。电能供应不足或供应中断，将直接影响国民经济计划的完成和人民的正常生活，对于某些工业用户甚至会发生产品报废、设备损坏以及危及人身安全等严重后果。

（3）自动化程度要求高。电力系统由于运行状态的改变而引起的电磁、机电暂态过程是非常短暂的，人工手动难以进行控制。因此，电力系统运行必须采用自动化程度高且能迅速而准确动作的自动调节、控制装置和监测、保护设备。

2. 电能的质量

对用户的供电除了应满足用户的需要并保证供电的可靠性外，还应保证良好的电能质量。通常衡量供电电能质量的指标是三相交流电的波形、频率质量以及电漂电压质量。为了避免电能质量不高所造成的危害，这三项指标均应保持在一定的允许变动范围内。

（1）三相交流电的波形是正弦波，若波形畸变则会影响电动机的转矩，或使测量仪表产生误差等。因此，要求波形畸变系数不得大于 5%。

（2）在电力系统正常状况下，供电频率的偏差为：电网装机容量在 3000 MW 及以上的，为 ±0.2 Hz；电网装机容量在 3000 MW 以下的，为 ±0.5 Hz。在电力系统非正常状

况下，供电频率允许偏差不应超过±1.0 Hz。

(3) 我国目前规定的用户处的容许电压变动范围(摘自《供电营业规则》)如下：在电力系统正常状况下，35 kV 及以上电压供电的，电压正、负偏差的绝对值之和不超过额定值的10%；10 kV 及以下三相供电的，为额定值的±7%；220 V 单相供电的，为额定值的+7%～-10%。在电力系统非正常状况下，用户受电端的电压最大允许偏差不应超过额定值的±10%。

3. 对电力系统的要求

综上所述，电力系统与其他工业部门相比较，有其不同的特点，主要是：电能不易储存；电能生产与国民经济各部门以及人民生活关系密切；过渡过程非常短暂，电力系统的地区性特点较强。对电力系统的要求，正是根据电力系统的这些特点以及电力工业在国民经济中的地位和作用提出来的。基本要求如下：

(1) 保证供电的可靠性。电力系统停电不仅会给系统本身带来损失，而且会给国民经济带来更大的损失，甚至会造成人身伤亡和政治影响。为此，电力系统应尽可能对用户做到可靠供电。尤其是对一、二类用户，在任何情况下必须保证为一、二类用户可靠地供电。

(2) 保证电能的质量。所谓电能的质量，是指电力系统中各点的电压和频率的偏差应保持在一定的范围内。

(3) 保证电力系统运行的经济性。运行的经济性是指生产、输送和分配电能的耗费少、效率高、成本低。

综上所述，电力系统的基本任务就是保证供给用户充足、可靠、优质而且廉价的电能。

二、电力系统的连接和电压等级

1. 电力系统的连接

电力系统中，发电厂和变电所之间的电气连接方式，是由它们之间的地理位置、负荷大小及其重要程度确定的。常用的几种连接方式如下：

(1) 单回路接线。这种供电方式是单端电源供电的，如图 1-4(a)所示。当线路发生故障时，负荷将会停电，故不太可靠。这种接线适用于较不重要的负荷。

(2) 双回路接线，其供电方式如图 1-4(b)所示。虽然双回路接线方式也只有单电源供电，但是当双回路的某一条线路发生故障时，另一条输电线路仍可继续供电，故可靠性较高。同时，这两回接线接在发电厂不同组别的母线上，当某组母线出现故障时，另一组母线经另一输电线路可保持对负荷供电，故可靠性是足够高的。这种接线能担负对一、二类用户的供电。

(3) 环形网络接线，其接线方式如图 1-4(c)所示。如果一条线路发生故障，发电厂还可以经另外两条线路向负荷供电，故这种接线的可靠性也比较高。

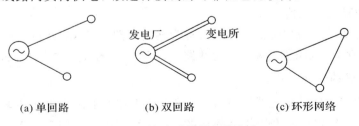

(a) 单回路   (b) 双回路   (c) 环形网络

图 1-4 电力系统的接线方式

2. 电力网的额定电压

为了完成电能的输送和分配，电力网一般设置多种电压等级。所有用电设备、发电机和变压器都规定有额定电压，即正常运行时最经济的电压。电力网的额定电压是根据用电设备的额定电压制定的。目前，我国制定的 1000 V 以上电压的额定电压标准如表 1-1 所示。

表 1-1　额定电压标准(kV)

用电设备 额定电压	交流发电机 额定线电压	变压器额定线电压	
		一次绕组	二次绕组
3	3.15	3 及 3.15	3.15 及 3.3
6	6.3	6 及 6.3	6.3 及 6.6
10	10.5	10 及 10.5	10.5 及 11.0
—	15.75	15.75	—
35	—	35	38.5
(60)	—	60	66
110	—	110	121
(154)	—	154	169
220	—	220	242
330	—	330	363
500	—	500	525

对表 1-1 的说明如下：

(1) 发电机的额定电压比用电设备的额定电压高出 5%，这是由于一般电网中电压损耗允许值为 10%，而市用电设备的电压偏差允许值为 ±5%，且发电机接在电力网送电端，应比额定电压高。

(2) 变压器一次侧相当于用电设备，二次侧是下一级电压线路的送端，所以一次侧电压与用电设备的额定电压相等，而二次侧比用电设备电压高 10%(包括本身电压损耗 5%)。但在 3 kV、6 kV、10 kV 电压时，若采用短路电压小于 7.5% 的配电变压器，则二次绕组的额定电压只高出用电设备电压 5%。

(3) 变压器一次绕组栏内的 3.15 kV、6.3 kV、10.5 kV、15.75 kV 电压适用于发电机端直接连接的升压变压器；二次绕组栏内的 3.3 kV、6.6 kV、11.0 kV 电压适用于阻抗值在 7.5% 以上的降压变压器。

(4) 一般将 35 kV 及以上的高压线路称为输电线路，10 kV 及以下的线路称为配电线路。其中，3~10 kV 线路称为高压配电线路，1 kV 以下的线路称为低压配电线路。

3. 电压等级的选择

对于某一电压等级的输电线路而言，其输送能力主要取决于输送功率的大小和输送距离的远近。由于各输电线路电压等级的选择，是关系到电力系统建设费用的高低、运行是否方便、设备制造是否经济合理的一个综合性问题，因此要经过复杂的计算和技术比较才能确定。据一般的经验，仅将各种电压等级的输送距离和输送功率的大致关系列于表 1-2 中。

表 1-2 各种电压等级的输送距离和输送功率的大致关系

电压等级/kV	输送功率/kW	输送距离/km
6	100~1200	4~15
10	200~2000	15~20
35	2000~10000	20~50

三、电力系统的中性点运行方式

在三相交流电力系统中，三相绕组作星形连接的发电机和变压器，其中性点有三种运行方式：中性点不接地、中性点经消弧线圈接地、中性点直接接地。其中，中性点不接地和中性点经消弧线圈接地称为中性点非有效接地，或称为小电流接地；中性点直接接地称为中性点有效接地，或称为大电流接地。

不同的中性点运行方式，对子电力系统运行的可靠性、电气设备的过电压与绝缘配合、继电保护装置的配置以及对通信的干扰等，都有很大的影响。

1. 中性点不接地的电力系统

图 1-5 所示为正常运行时中性点不接地的电力系统示意图。

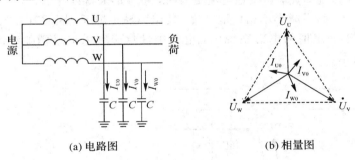

(a) 电路图   (b) 相量图

图 1-5 正常运行时的中性点不接地系统

在三相输电系统中，相与相之间及相与地之间都存在着一定的电容。为讨论方便，以集中电容 C 来表示相与地之间的分布电容。同时认为相间无相互影响，故不予考虑。

正常运行时，三相电容电流 $\dot{I}_{U0}$、$\dot{I}_{V0}$、$\dot{I}_{W0}$ 是对称的，即 $\dot{I}_{U0}+\dot{I}_{V0}+\dot{I}_{W0}=0$，没有电容电流流入大地，每相对地的电压，就等于其相电压。

当系统发生单相接地(设 W 相接地)，如图 1-6 所示，由相量图可见，W 相对地电压为零，而 U 相对地电压 $\dot{U}'_{U}=\dot{U}_{U}-\dot{U}_{W}=\dot{U}_{UW}$，V 相对地电压 $\dot{U}'_{V}=\dot{U}_{V}-\dot{U}_{W}=\dot{U}_{VW}$。由此可知，W 相接地时，U、V 两相对地电压由原来的相电压升高到线电压，即增大到正常时的 $\sqrt{3}$ 倍。

因此，在中性点不接地系统中，各电气设备的绝缘应按线电压考虑，增大了设备造价。此外，U、V 相对地电压升高为正常时的 $\sqrt{3}$ 倍，其电容电流也增大为正常时的 $\sqrt{3}$ 倍，而接地电流 I_C 是 U、V 两相电容电流的相量和，为正常运行时一相电容电流的 3 倍。注意，接地电流的大小与电压高低及线路长短有关，一般为几安到几十安。

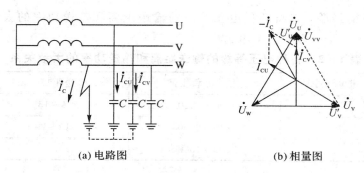

(a) 电路图　　　　　　　　　　(b) 相量图

图 1-6　中性点不接地系统 W 相发生接地时的情况

必须指出,当电源中性点不接地的电力系统中发生一相接地时,三相用电设备的正常工作不会受到影响,因为线路的线电压无论相位和量值均未发生变化,所以三相用电设备仍然照常运行。但不允许系统在单相接地情况下长期运行,因为当另外任何一相再发生接地时,就会形成两相短路,造成停电。此外,单相接地电流还会产生电弧。所以必须设有监视和保护装置,以便及时发现单相接地故障,并尽快排除。

2. 中性点经消弧线圈接地的电力系统

在中性点不接地系统中,如发生单相接地故障,则当接地电流不大时,电弧可在电流过零瞬间自动熄灭;当接地电流较大时,可能产生间歇性电弧,引起相对地的过电压,损坏绝缘,并导致两相接地短路;当接地电流更大时,将会形成持续性电弧,造成设备烧坏并导致相间短路等事故。为了减小单相接地电流,使电弧易于熄灭,因此有关规程规定:在单相接地电容电流大于一定值的电力系统中,电源中性点必须采取经消弧线圈接地的运行方式,如图 1-7 所示。

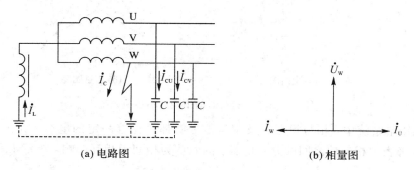

(a) 电路图　　　　　　　　　　(b) 相量图

图 1-7　中性点经消弧线圈接地

消弧线圈实际上是一个带铁芯的电感线圈,其电阻很小,感抗很大。当系统发生一相接地时,流过接地点的电流是接地电容电流 $\dot{I}_C$ 与流过消弧线圈的电感电流 $\dot{I}_L$ 之和。由于 $\dot{I}_C$ 超前 $\dot{U}_C$ 90°,而 $\dot{I}_L$ 滞后 $\dot{U}_C$ 90°,所以 $\dot{I}_L$ 与 $\dot{I}_C$ 在接地点互相补偿。当 $\dot{I}_L$ 与 $\dot{I}_C$ 的量值差小于发生电弧的最小电流(一般称为最小生弧电流)时,电弧就不会发生,也就不会出现谐振过电压现象。

中性点经消弧线圈接地方式与中性点不接地方式一样,允许在单相接地故障的情况下短时运行,但应及时发现并排除故障。实际上,高压架空输电线路的单相接地故障大多是瞬时性的,在接地电弧熄灭后线路就恢复正常了。所以高压架空输电线路常采用中性点经消弧线圈接地的方式连接。

电源中性点经消弧线圈接地的系统，在一相接地时，其他两相对地电压也要升高到线电压。即升高为原对地电压的 $\sqrt{3}$ 倍。

3. 中性点直接接地系统

防止单相接地时产生间歇性电弧过电压的另一方法是将系统的中性点直接接地，如图 1-8 所示。

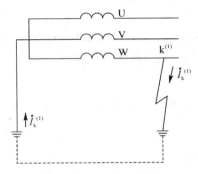

图 1-8 中性点直接接地系统

如果中性点直接接地系统的一相接地，就会造成单相短路。单相短路时电流很大，通过继电保护装置，可使线路开关自动跳闸，将短路故障部分切除，让系统的其他部分恢复正常运行。

中性点直接接地系统的主要优点是：在发生单相接地时，非故障相对地电压不会升高，使电气设备对地绝缘水平的要求降低（按相电压考虑），因而设备造价低。其主要缺点是：单相接地故障时线路跳闸，造成用户供电中断，巨大的接地短路电流会产生较强的单相磁场，对附近的通信线路产生干扰。

四、电力系统短路的基本概念

短路是电力系统中出现最多的一种故障形式。所谓短路，是指电力系统正常运行之外的相与相或相与地之间的"短接"。在正常运行的电力系统中，除中性点之外，相与相之间、相与地之间都是绝缘的。

1. 短路的原因

电力系统发生短路的原因一般可分为以下几种情况：

（1）载流部分的绝缘被破坏，这通常是电力系统发生短路的主要原因。

（2）设备缺陷未被发现或未及时消除。

（3）输电线路断线或倒杆，使导线接地或相碰。

（4）工作人员误操作。

（5）各种动物跨接到裸露的载流导体上。

（6）大风、冰雹、地震、雷击等自然灾害。

2. 短路的后果

短路对电力系统造成的影响主要有以下几个方面：

（1）短路电流的热效应。短路电流通常是正常工作电流的十几倍到几十倍甚至更高，这将使电气设备过热，从而使绝缘受到损伤，甚至可能烧毁电气设备。

（2）短路电流的电动力效应。巨大的短路电流将在电气设备中产生很大的电动力，可引起电气设备的机械变形、扭曲，甚至损坏。

（3）短路电流的磁效应。当交流电流通过线路时，会在线路周围的空间建立起交变电磁场，而交变电磁场将在邻近的导体回路中产生感应电动势。当系统正常运行时，三相电流是对称的，它在线路周围空间各点所造成的磁场均彼此抵消，故在邻近导体回路中不会产生感应电势。当系统发生不对称短路时，不对称电流产生不平衡的交变磁场，对送电线路附近的通信线路、铁路信号集中闭塞系统、可控硅触发系统及其他自动控制系统就可能产生干扰。

（4）短路电流产生的电压降。很大的短路电流通过线路时，会在线路上产生很大的压降，使用户处电压突然下降，影响电动机的正常工作以及照明负荷的正常工作。

3. 短路的形式

在电力系统中，可能发生三相短路、两相短路、单相接地短路和两相接地短路，如图1-9所示。

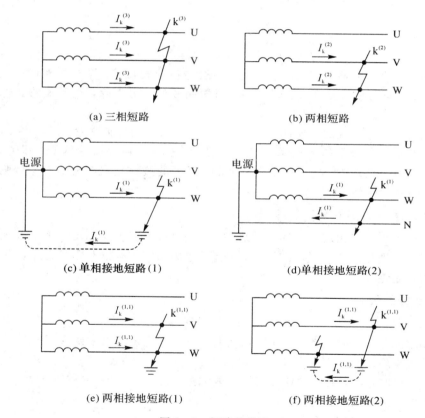

图 1-9 短路的类型

当三相短路时，由于短路回路的三相阻抗相等，因此三相电流和电压仍是对称的，故称为对称短路。但在发生其他类型的短路时，不仅每相电路中的电流和电压数值不相等，而且相角也不相同，所以这些短路被称为不对称短路。

电力系统中，发生单相接地短路的可能性最大，但三相短路的短路电流最大，造成的危害也最严重。为了使电力系统中的电气设备在最严重的短路状态下也能可靠地工作，在选择检验电气设备用的短路计算中，应以三相短路的计算为主。短路的危害是很大的，在电力系统的设计和运行中，正确选择电气设备和正确进行设计安装，加强维修检查和进行预防性试验，避免误操作，都是防止短路的有效措施。

1.1.4　电力系统的构成

电力系统主要由发电厂、输电线路、配电系统及负荷组成（如果将发电厂内的原动机部分也计入其中，则称为动力系统），其覆盖地域较广。电力系统的功能是将原始能源转换为电能，经过输电线路送至配电系统，再由配电线路把电能分配给负荷（用户）。原始能源主要是水力能源与火力能源（煤、天然气、石油、核聚变裂变燃料等），至于地热、潮汐、风力、太阳能等尚处于小容量发展阶段。在火力发电厂（或核电站）中，先由锅炉将化学能转变为热能（或由核反应堆将核能转变为热能），再由汽轮机将热能转变为机械能（若由天然气或水力发电，则直接由燃气轮机将化学能直接转变为机械能，或由水轮机将水位能转化为机械能），最后由发电机将机械能转变为电能。输电线连接发电厂与配电系统以及与其他系统实行互联。配电系统连接由输电线供电的局域内的所有单个负荷。电力负荷包括电灯、电热器、电动机（感应电动机、同步电动机等）、整流器、变频器或其他装置。在这些设备中电能又将转变为光能、热能、机械能等。

典型的电力系统和电力网络示意图如图 1-10 所示。发电机经过升压变压器将电压升高至输电电压（220～500 kV）。在受端通过降压变压器将电压降至配电电压（10～110 kV，380/220 V）。在降压变电站大型用户的配电电压为 35～110 kV，而中小型用户的配电电压为 6～10 kV、380/220 V。现分述如下。

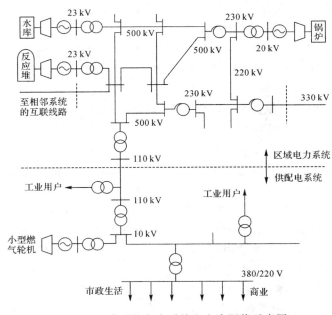

图 1-10　典型的电力系统和电力网络示意图

1. 发电厂

发电厂的作用是生产电能，即发电厂将其他形式的一次能深经发电设备转换为电能。发电厂根据利用的能源不同可分为火力发电厂、水力发电厂、原子能发电厂以及利用其他能源(如地热、风力、太阳能、石油、天然气、潮汐能等)的发电厂。目前,在我国大型电力系统中占主要地位的发电厂主要是火力发电厂,其次是水力和原子能发电厂。

为了充分、合理地利用动力资深,缩短燃料的运输距离,降低发电成本,火力发电厂一般建设在燃料产地,而水力发电厂只能建在水力资源丰富的地方。因此,发电厂往往远离城市和工业企业,即用电中心地区,故必须进行远距离输电。

2. 电力网(输配电系统)

电能的输送和分配是由输配电系统完成的。输配电系统又称电力网,它包括电能传输过程中途经的所有变电所、配电所中的电气设备和各种不同电压等级的电力线路。实践证明,输送的电力愈大,输电距离愈远,选用的输电电压就愈高,这样才能保证在输送过程中的电能损耗下降。但从用电角度考虑,为了用电安全和降低用电设备的制造成本,则希望电压低一些。因此,一般发电厂发出的电能都要先经过升压,然后由输电线路送到用电区,再经过降压,最后分配给用户使用,即采用高压输电、低压配电的方式。变电所就是完成这种任务的场所。

在发电厂设置升压变电所将电压升高以利于远距离输送,在用电区则设置降压变电所将电压降低以供用户使用。

降压变电所内装设有受电、变电和配电设备,其作用是接受输送来的高压电能,经过降压后将低压电能进行分配。而对于低压供电的用户,只需再设置低压配电所即可。配电所内不设置变压器,它只能接受电能和分配电能。

3. 电力用户

电力系统的用户也称为用电负荷,可分为工业用户、农业用户、公共事业用户和人民生活用户等。根据用户对供电可靠性的不同要求,目前我国将用电负荷分为以下三级:

(1)一级负荷:对这一级负荷中断供电会造成人身伤亡事故或造成工业生产中关键设备难以修复的损坏,致使生产秩序长期不能恢复正常,造成国民经济的重大损失;或使市政生活的重要部门发生混乱等。

(2)二级负荷:对这一级负荷中断供电将引起大量减产,造成较大的经济损失;或使城市大量居民的正常生活受到影响等。

(3)三级负荷:对这一级负荷的短时供电中断不会造成重大损失。

对于不同等级的用电负荷,应根据其具体情况采取适当的技术措施来满足它们对供电可靠性的要求。一级负荷要求供电系统必须有备用电源。当工作电源出现故障时,由保护装置自动切除故障电源,同时由自动装置将备用电源自动投入或由值班人员手动投入,以保证对重要负荷连续供电。如果一级负荷不大,则可采用自备发电机等设备,作为备用电源。对于二级负荷,应由双回路供电,当采用双回路有困难时,则允许采用专用架空线供电。对于三级负荷,通常采用一组电源供电。

电力系统可以用一些基本参量加以描述,兹分述如下:

① 总装机容量:系统中所有发电机组额定有功功率的总和,以兆瓦(MW)计。

② 年发电量:系统中所有发电机组全年所发电能的总和,以兆瓦时(MW·h)计。

③ 最大负荷:指规定时间(一天、一月或一年)内电力系统总有功功率负荷的最大值,以兆瓦(MW)计。

④ 年用电量:接在系统上所有用户全年所用电能的总和,以兆瓦时(MW·h)计。

⑤ 额定频率：我国规定的交流电力系统的额定频率为 50 Hz。

⑥ 最高电压等级：电力系统中最高电压等级的电力线路的额定电压，以千伏（kV）计。图 1-10 所示系统的最高电压等级为 500 kV。

1.2　发　电　厂

发电厂是把各种一次能源（如燃料的化学能、水能、风能等）转换成电能的工厂。电厂所生产的电能，一般要由升压变压器升压后经高压输电线输送，再由变电站降压，最后才能供给各种不同用户使用。

1.2.1　火力发电厂

1. 火力发电厂简介

利用固体、液体、气体燃料的化学能来生产电能的工厂称为火力发电厂，简称火电厂。迄今为止，火电厂仍是世界上电能生产的主要方式。在发电设备总装机容量中，火力发电的装机容量约占 70% 以上。我国和世界各国的火电厂所使用的燃料大多以煤炭为主，其他可以使用的燃料还有天然气、燃油（石油）以及工业和生活废料（垃圾）等。其中燃烧垃圾的火电厂有利于环境保护，其发展极为引人关注。

火电厂在将一次能源转换为电能的生产过程中要经过三次能量转换。首先是通过燃烧将燃料的化学能转变为热能，再经过原动机把热能转变为机械能，最后通过发电机将机械能转变为电能。

火电厂分类如下：

（1）按照燃料分类：燃煤发电厂、燃油发电厂、燃气发电厂、余热发电厂。

（2）按输出能源分类：凝汽式发电厂（只向外供应电能）、热电厂（同时向外供应电能和热能）。

（3）按总装机容量分类：小容量发电厂（100 MW 以下）、中容量发电厂（100～250 MW）、大中容量发电厂（250～1000 MW）、大容量发电厂（1000 MW 及以上）。

（4）按蒸汽压力和温度分类如下。

中低压发电厂：蒸汽压力 3.92 MPa，温度 450 ℃，单机功率小于 25 MW。

高压发电厂：蒸汽压力 9.9 MPa，温度 540 ℃，单机功率小于 100 MW。

超高压发电厂：蒸汽压力 13.83 MPa，温度 540 ℃，单机功率小于 200 MW。

亚临界压力发电厂：蒸汽压力 16.77 MPa，温度 540 ℃，单机功率为 300～1000 MW。

超临界压力发电厂：蒸汽压力大于 22.11 MPa，温度 550 ℃，机组功率 600 MW、800 MW 以上。

2. 火电厂的电能生产过程

（1）凝汽式发电厂。

在这类电厂中，锅炉产生蒸汽，经管道送到汽轮机，带动发电机发电。已做过功的蒸汽，进入凝汽器内冷却成水，又重新送回锅炉使用。由于在凝汽器中，大量的热量被循环水带走，故一般凝汽式发电厂的效率都很低，即使是现代的高温高压或超高温高压的轻汽式火电厂,效率也只有 30%～40%。通常简称凝汽式发电厂为火电厂。图 1-11 是凝汽式电站的生产过程原理。

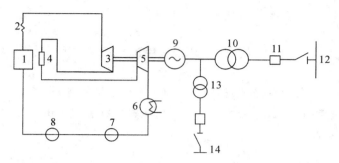

1—锅炉;2—蒸汽过热器;3—汽轮机高压段;4—中间蒸汽过热器;5—汽轮机低压段;
6—凝汽器;7—凝结水泵;8—给水泵;9—发电机;10—主变压器;
11—断路器;12—主母线;13—站用变压器;14—厂用电高压母线

图 1-11 凝汽式电站的生产过程原理

火电厂使用的原动机可以是凝汽式汽轮机、燃气轮机或内燃机,其中内燃机一般只在农村和施工工地上使用。我国大部分火电厂采用凝汽式汽轮发电机组,称为凝汽式火力发电厂。图 1-12 为凝汽式火力发电厂生产过程示意图。

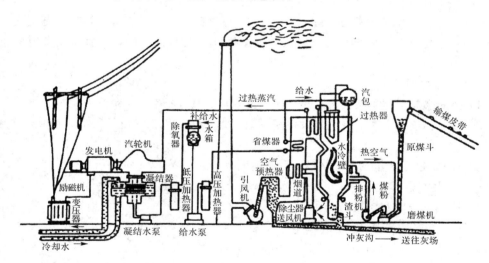

图 1-12 凝汽式火力发电厂生产过程示意图

生产过程中需要把燃煤用输煤带从煤场运至煤斗。一般大型火电厂为提高燃煤效率燃烧的是煤粉。因此,煤斗中的原煤要先送至磨煤机内磨成煤粉,然后由热空气携带煤粉经排粉风机送入锅炉的炉膛内燃烧。煤粉燃烧后形成的热烟气沿锅炉的水平烟道和尾部烟道流动,放出热量,最后进入除尘器,将燃烧后的煤灰分离出来。洁净的烟气在引风机的作用下通过烟囱排入大气。助燃用的空气由送风机送入装设在尾部烟道上的空气预热器内,利用热烟气加热空气。这样,一方面可以使进入锅炉的空气温度提高,方便煤粉的引燃和燃烧;另一方面也可以降低排烟温度,提高热能的利用率。从空气预热器排出的热空气分为两股:一股去磨煤机干燥和输送煤粉;另一股直接送入炉膛助燃。燃煤燃尽的灰渣落入炉膛下面的渣斗内，与从除尘器中分离出的细灰一起用水冲至灰浆泵房内，再由灰浆泵送至灰场。在除氧器水箱内的水经过给水泵升压后通过高压加热器送入省煤器。在省煤器内，水受到热烟气的加热，然后进入锅炉顶部的汽包内。在锅炉炉膛四周密布着水管，称为水冷壁。水冷壁水管的上、下两端均通过连箱与汽包连通，汽包内的水经由水冷壁不断循环，吸收着煤燃烧过程中放出的热量。部分水在水冷壁中被加热沸腾后汽化成水蒸气，这些饱和蒸汽由汽包上部流出进入过热器中。饱和蒸汽在过热器中继续吸热，成为过热蒸汽。过热蒸汽具有很高的压力和温度，因此有很大的热势能。具有热势能的过热蒸汽经管道引入汽轮机后，便将热势能转变成动能。高速流动的蒸汽推动汽轮机转子转动，形成机械能。汽轮机的转子与发电机的转子通过联轴器连在一起。当汽轮机转子转动时便带动发电机转子转动。在发电机转子的另一端带着一个小直流发电机，称为励磁机。励磁机发出的直流电送至发电机的转子线圈中，使转子成为电磁铁，周围产生磁场。当发电机转子旋转时，磁场也是旋转的，发电机定子内的导线就会切割磁力线感应产生电流。这样，发电机便把汽轮机的机械能转变为电能。电能经变压器将电压升压后，由输电线送至电用户。

释放出热势能的蒸汽从汽轮机下部的排汽口排出，称为乏汽。乏汽在凝汽器内被循环水泵送入凝汽器的冷却水冷却，重新凝结成水，此水称为凝结水。凝结水由凝结水泵送入低压加热器并最终回到除氧器内，完成一个循环。在循环过程中难免有汽水的泄漏，即汽水损失，因此要适量地向循环系统内补给一些水，以保证循环的正常进行。高、低压加热器是为提高循环的热效率所采用的装置，而除氧器则是为了除去水中含有的氧气以减少设备及管道腐蚀所采用的装置。

以上分析虽然较为繁杂，但从能量转换的角度看却很简单。即燃料的化学能→蒸汽的热能→机械能→电能。在锅炉中，燃料的化学能转变为蒸汽的热能；在汽轮机中，蒸汽的热能转变为轮子旋转的机械能；在发电机中机械能转变为电能。炉、机、电是火电厂中的主要设备，亦称三大主机。辅助三大主机工作的设备称为辅助设备或辅机。主机与辅机及其相连的管道、线路等称为系统。火电厂的主要系统有燃烧系统、汽水系统、电气系统等。除了上述的主要系统外，火电厂还有其他一些辅助生产系统，如燃煤的输送系统、水的化学处理系统、灰浆的排放系统等。这些系统与主系统协调工作，它们相互配合完成电能的生产任务。大型火电厂为保证这些设备的正常运转，安装有大量的仪表，用来监视这些设备的运行状况。同时还设置有自动控制装置，以便及时地对主、辅设备进行调节。现代化的火电厂，已采用了先进的计算机分散控制系统。计算机分散控制系统可以对整个生产过程进行控制和自动调节，并能根据不同情况协调各设备的工作状况。这些控制系统使整个火电厂的自动化水平达到了新的高度。目前，自动控制装置及系统已成为火电厂中不可缺少的部分。

（2）供热式发电厂（热电厂）。

供热式发电厂与凝汽式火电厂不同之处主要在于，供热式发电厂的汽轮机中一部分做过功的蒸汽会在中间段被抽出来供给热用户使用，或经热交换器将水加热后，供给用户热水。热电厂通常都建在热用户附近，它除发电外，还向用户供热，这样可以减少被循环水带走的热量损失，提高总效率。现代热电厂的总效率可高达 $60\%\sim70\%$。

另外，重要的大型厂矿企业往往建设专用电厂作为自备电源，这类电厂的原动机一般为小型汽轮机或柴油机。单独来看，这种发电厂的生产往往不经济，但它可起到后备保障作用，若能和其他能源供应结合起来综合利用，其经济效益将有所提高。

1.2.2 水力发电厂

水力发电厂是利用河流所蕴藏的水能资源来生产电能的工厂，简称水电厂或水电站。水力发电的能量转换过程只需两次，即通过原动机（水轮机）将水的位能转变为机械能，再通过发电机将机械能转变为电能，故在能量转换过程中损耗较小，发电的效率较高。

水电厂的发电容量取决于水流的水位落差和水流的流量，即

$$P = 9.8\eta QH \tag{1-1}$$

式中，P 为水电厂的发电容量，单位为 kW；Q 为通过水轮机的水的流量，单位为 m^3/s；H 为作用于水电厂的水位落差，也称水头，单位为 m；η 为水轮发电机组的效率，一般为 $0.80 \sim 0.85$。

由式(1-1)可见，在流量一定的条件下，水流落差愈大，水电厂出力就愈大。为了充分利用水力资源，应尽量抬高水位。因此水电厂往往需要修建拦河大坝等水工建筑物，以形成集中的水位落差，并依靠大坝形成具有一定容积的水库以调节水的流量。

根据水力枢纽布置的不同，水电厂可分为堤坝式和引水式等，其中以堤坝式水电厂应用最为普遍。

1. 堤坝式水电厂

堤坝式水电厂利用修筑拦河堤坝来抬高上游水位，形成发电水头。根据厂房位置的不同，堤坝式水电厂又可分为坝后式和河床式两种。

（1）坝后式水电厂。

坝后式水电厂的厂房建在坝后，全部水压由坝体承受，其厂房本身不承受水的压力。

图 1-13 为坝后式水电厂。图中，拦河坝将上游水位提高，形成水库，水库中的水在高落差的作用下经压力水管高速进入螺旋形蜗壳推动水轮机转子旋转，将水能转换为机械能。水轮机的转子带动同轴相连的发电机旋转，将机械能转换成电能。水流对水轮机做功后经尾水管排往下游。发电机发出的电能经变压器升压后，送入高压电力网。

我国长江三峡、刘家峡、丹江口等水电厂均属坝后式水电厂。

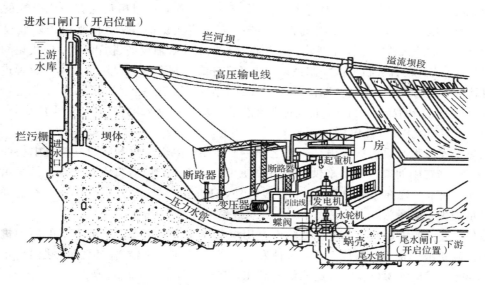

图 1-13　坝后式水电厂

（2）河床式水电厂。

河床式水电厂建在河道平缓区段，水头一般在 20～30 m。堤坝和厂房建在一起，厂房成为挡水建筑物的一部分，库水直接由厂房进水口引入水轮机，如图1-14所示。我国的葛洲坝水电厂即属此类型。

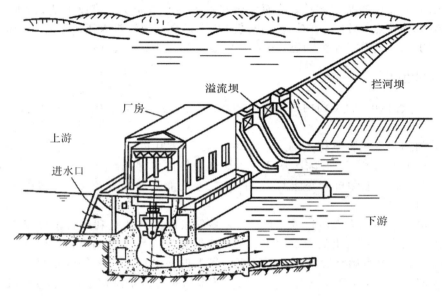

图 1-14　河床式水电厂

2. 引水式水电厂

引水式水电厂一般建于河流上游坡度较大的区段，采用修隧道或渠道的方法形成水流落差来发电，如图1-15所示。山区小水电常采用此种形式。

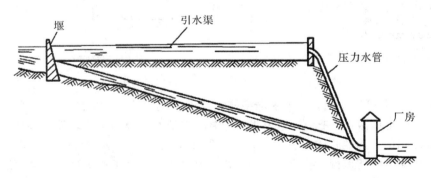

图 1-15　引水式水电厂

除此之外，还有近年来发展较快的抽水蓄能电站。它是在水电厂的下游建一蓄水库，当夜间电力系统的负荷很低时，将蓄水库中的水抽回到上游水库中变成水的位能，以备白天负荷高峰时发电，这种水电站也因此而得名。

为了充分利用水能，在一条河流上可以根据地形建一系列水电厂，进行梯级开发，使上游的水流发电后放入下游，再供下游的发电厂发电，这种形式的电厂称为梯级电站，例如湖北省清江上的水布垭电站、隔河岩电站和高坝洲电站即属梯级水电站。

与火电厂相比，水电厂的生产过程相对简单，水能属洁净、廉价的能源，无环境污染，生产效率高，其发电成本仅为火力发电的 25%～35%。水电厂也容易实现自动化控制和管理，并能适应负荷的急剧变化，调峰能力强。同时，随着水电厂的兴建往往还可以同时解决防洪、灌溉、航运等多方面的问题，从而实现江河的综合利用。因此，大力开发和优先开发水电是我国电力建设的基本方针。然而水电建设也存在投资大、建设工期长、受季节水量变化影响较大等缺点。另外，在建设水电的过程中还会涉及淹没农田、移民、破坏自然和人文景观以及生态平衡等一系列问题，这些都需要统筹考虑，合理解决。

1.2.3　核能发电厂

核电厂（也称核电站）是利用核能发电的工厂。核能又称原子能，因此核电厂也称原子能发电厂。

核能的利用是现代科学技术的一项重大成就。从 20 世纪 40 年代原子弹的出现开始，核能就逐渐被人们所掌握，并陆续用于工业、交通等许多部门，为人类提供了一种新的能源。核能分为核裂变能和核聚变能两类。由于核聚变能受控难度较大，目前用于发电的核能主要是核裂变能。

核能发电过程与火力发电过程相似，只是核能发电的热能是利用置于核反应堆中的核燃料在发生核裂变时释放出的能量而得到的。根据核反应堆型式的不同，核电厂可分为轻水堆型、重水堆型及石墨气冷堆型等。目前世界上的核电厂大多采用轻水堆型。轻水堆又有压水堆和沸水堆之分。图 1-16 为压水堆型核电厂和沸水堆型核电厂的生产过程示意图。

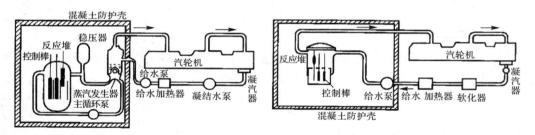

(a)压水堆型核能发电系统　　　　　　(b)沸水堆型核能发电系统

图 1-16　核能发电厂生产过程示意图

由图 1-16(b)可以看出，在沸水堆型核能发电系统中，水直接被加热至沸腾而变成蒸汽，然后引入汽轮机做功，带动发电机发电。沸水堆型的系统结构比较简单，但由于水是在沸水堆内被加热的，其堆芯体积较大，并有可能使放射性物质随蒸汽进入汽轮机，对设备造成放射性污染，使其运行、维护和检修变得复杂和困难。为了避免这个缺点，目前世界上 60% 以上的核电厂采用如图 1-16(a)所示的压水堆型核能发电系统。与沸水堆系统不同，压水堆系统中增设了一个蒸汽发生器，从核反应堆中引出的高温水蒸气，进入蒸汽发生器内，将热量传给另一个独立系统的水，使之加热成高温蒸汽以推动汽轮发电机组旋转。由于在蒸汽发生器内两个水系统是完全隔离的，所以不会对汽轮机等设备造成放射性污染。我国的核电站即以压水堆型为主。

核电厂的主要优点是可以大量节省煤、石油等燃料。例如：1 kg 铀裂变所产生的热量相当于 2.7×10^3 t 标准煤燃烧产生的热量。一座容量为 500 MW 的火电厂每年要烧 1.5×10^6 t 煤，而相同容量的核电厂每年只需消耗 600 kg 的铀燃料，从而避免了大量的燃料运输。

虽然核电厂的造价比火电厂高，但其长期的燃料费、维护费则比火电厂低，且核电厂的规模愈大则生产每度电的投资费用下降愈多。日本大地震前，世界最大的核电站是日本福岛核电站，容量为 9096 MW。目前世界上最大单机容量的核电站是 1750 MW 的广东台山核电站。2016年，我国核电累计发电量为 2105.19 亿千瓦·时，约占全国累计发电量的 3.56%。

1.2.4 新能源发电

目前，除了利用燃料的化学能、水的位能和核能作为生产电能的主要方式外，利用风能、地热、潮汐、太阳能等可再生能源生产电能的开发研究在世界各国也引起了广泛重视。

1. 风力发电

风力发电是利用风的动能来生产电能的。风力发电的过程是利用风力使风机的转子旋转，将风的动能转换成机械能，再通过变速和超速控制装置带动发电机发出电能。我国内蒙古、甘肃、青藏高原地区风力资源丰富，目前已建造了一些风力发电场（简称风电场），有效地解决了地处偏远、居住分散的牧民们的生产和生活用电。至 2016 年底我国风电的总装机容量为 16 873 万千瓦。风能是清洁能源和可再生能源，风力发电必将会得到更大的发展。

2. 地热发电

地热发电是利用地表深处的地热能来生产电能的。地热发电厂的生产过程与火电厂相似，只是以地热井取代锅炉设备，将地热蒸汽从地热井引出，滤除其中的固体杂质后推动汽轮机旋转，将地热能转换为机械能，带动发电机发出电能。

地球内部蕴藏着巨大的热能，据估计全世界可供开采利用的地热能相当于几万亿吨煤，因此，开发利用地热资源发电具有广阔的发展前景。目前我国西藏地热电站总装机容量为 28.78 MW。其中羊八井地热电厂的装机容量为 25.18 MW，其地下水温约 150℃，是一种低温热能发电方式。

3. 潮汐发电

潮汐发电是利用海水涨潮、落潮中的动能和势能来发电的。潮汐发电厂一般建在海岸边或河口地区，与水电厂建立拦河坝一样，潮汐发电厂也需要在一定的地形条件下建立拦潮堤坝，以形成足够的潮汐潮差及较大的容水区。潮汐发电厂在涨潮和退潮时均可发电，即涨潮时将水通过闸门引入厂内发电并储水，退潮时打开另一闸门放水发电。

我国的海岸线长，沿海的潮汐能量约为 2×10^8 kW。1985 年建成的江厦潮汐电站总容量为 3.2 MW，是国内最大的潮汐发电厂，为大规模开发沿海潮汐资源积累了宝贵经验。

4. 太阳能发电

利用太阳的光能或热能来生产电能的均称为太阳能发电。如将太阳的光能直接转换成电能的光电池已广泛应用于航天装置、人造地球卫星以及野外通信设备上，作为这些装备的工作电源。

利用太阳的热能发电，有直接热电转换和间接热电转换两种方式。温差发电、热离子和磁流体发电等，属于直接转换方式。将太阳能聚集起来，通过热交换器将水变为蒸汽来驱动汽轮发电机组发电则属于间接转换方式。

因为太阳能取之不尽、用之不竭，成本低且无污染，所以备受人们青睐。目前我国的太阳能发电量居世界第一。2016 年我国太阳能发电达 591 亿千瓦·时，占中国全年总发电量的 1%。由此可见太阳能发电还有相当大的发展空间。

1.3 变电所类型

变电所是联系发电厂和用户的中间环节，起着电能变换和分配的作用，是电力网的主要组成部分。

按功能划分，电力系统的变电站可分为两大类：① 发电厂的变电站，称为发电厂的升压变电站，其作用是将发电厂发出的有功功率及无功功率送入电力网，因此其使用的变压器是升压型，其中低压为发电机额定电压，高、中压主分接头电压为电网额定电压的110%；② 电力网的变电站，一般选用降压型变压器，即作为功率受端的高压主分接头电压为电网额定电压，功率送端中、低压主分接头电压为电网额定电压的110%。具体选择应根据电力网电压调节计算来确定。变电站在电力系统中位置示意如图1-17所示，所有发电厂发出的电力均需经过升压变电所连接到高压、超高压输电线路上，以便将电能送出。然后经过降压变电所降压后将电能分配至各个地区及用户中。

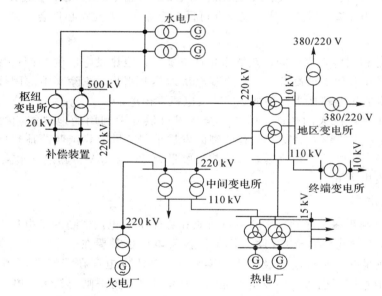

图 1-17 变电站在电力系统中位置示意图

按照在电力系统中的位置，变电所也可分为以下几类。

1. 枢纽变电所

枢纽变电所的主要作用是联络本电力系统中的各大电厂与大区域或大容量的重要用户，并实施与远方其他电力系统的联络，是实现联合发、输、配电的枢纽，因此其电压最高，容量最大，是电力系统的最上层变电站。其连接电力系统中高压和中压的几个电压级，汇集多个电源，高压侧电压为330～500 kV的变电所，全所停电后将引起系统解列甚至瓦解。

2. 中间变电所

中间变电所的主要作用是对一个大区域供电，因此其高压进线来自枢纽变电所(站)或附近的大型发电厂，其中、低压对多个小区域负荷供电，并可能接入一些中、小型电厂，是电力系统的中层变电站。其高压侧起转换功率的作用，通常汇集两三个电源，电压为 220～330 kV，同时降压供给地区用电，全所停电后将引起电网解列。

3. 地区变电所

地区变电所的主要作用是对一个小区域或较大容量的工厂供电，高压侧电压为 110～220 kV，以向地区用户供电为主。全所停电后，该地区将中断对用户的供电。

4. 终端变电所

终端变电所是电力系统最下层的变电站。其低压出线分布于用户中，并在沿途接入小容量变压器，降压供给小容量的生产和生活用电，个别工厂内会下设车间变电站对各车间供电；其高压侧电压为 110 kV，处于输电线路终端，接近负荷点。全所停电后，有关用户将被中断供电。

注意：有些重要的工厂可能会设立自备电厂，该自备电厂接入配电变电站的低压母线中。正常运行时自备电厂除供给本厂负荷外还可能有剩余功率对外输出，这时该变电站实际上为自备电厂的升压变电站；当自备电厂停运时，外部电力系统经该变电站将功率送入，这时该变电站为降压变电站，因此常称此种变电站为工厂与电力系统的联络变电站。考虑功率的双向传送，其变压器可按需要选用有载调压变压器。

1.4 发电厂和变电所电气设备简述

为了满足电能的生产、转换、输送和分配的需要，发电厂和变电所中安装有各种电气设备。

1.4.1 电气一次设备

一次设备主要包括：生产和转换电能的设备，如发电机、变压器等；接通或断开电路的开关电器，如断路器、隔离开关、自动空气开关、接触器、熔断器、刀闸开关等，它们的作用是在正常运行或发生事故时，将电路闭合或断开，以满足生产运行和操作的要求；限制故障电流和防御过电压的电器，如限制短路电流的电抗器和防御过电压的避雷器等；接地装置，无论是电力系统中性点的工作接地还是各种安全保护接地，在发电厂和变电站中均采用金属接地体埋入地中或连接成接地网组成接地装置；载流导体，如母线、电力电缆等。通常人们按设计要求，将有关电气设备连接起来。

1. 生产和转换电能的设备

生产和转换电能的设备有同步发电机、变压器及电动机，它们都是按电磁感应原理工作的。

(1) 同步发电机。同步发电机的作用是将机械能转换成电能。

(2) 变压器。变压器的作用是将电压升高或降低，以满足输配电需要。

(3) 电动机。电动机的作用是将电能转换成机械能，用于拖动各种机械。发电厂、变电所使用的电动机，绝大多数是异步电动机，或称感应电动机。

2. 开关电器

开关电器的作用是接通或断开电路。高压开关电器主要有以下几种：

(1) 断路器(俗称开关)。断路器可用来接通或断开电路的正常工作电流、过负荷电流或短路电流，有灭弧装置，是电力系统中最重要的控制和保护电器。

（2）隔离开关（俗称刀闸）。在检修设备时隔离开关用来隔离电压，进行电路的切换操作及接通或断开小电流电路。它没有灭弧装置，一般只有在电路断开的情况下才能操作。在各种电气设备中，隔离开关的使用量是最多的。

（3）熔断器（俗称保险）。熔断器用来断开电路的过负荷电流或短路电流，保护电气设备免受过载和短路电流的危害。熔断器不能用来接通或断开正常工作电流，必须与其他电器配合使用。

3. 限流电器

限流电器包括串联在电路中的普通电抗器和分裂电抗器，其作用是限制短路电流，使发电厂或变电所能选择轻型电器。

4. 载流导体

（1）母线。母线主要用来汇集和分配电能，并能起到连接发电机、变压器与配电装置的作用，通常有敞露母线和封闭母线之分。

（2）架空线和电缆线。架空线和电缆线主要用于传输电能。

5. 补偿设备

（1）调相机。调相机是一种不带机械负荷运行的同步电动机，主要用来向系统输出感性无功功率，以调节电压控制点或地区的电压。

（2）电力电容器。电力电容器补偿有并联和串联补偿两类。并联补偿是将电容器与用电设备并联，它能发出无功功率，以供本地区需求，可避免长距离输送无功，减少线路电能损耗和电压损耗，提高系统供电能力；串联补偿是将电容器与线路串联，抵消系统的部分感抗，提高系统的电压水平，同时相应地减少系统的功率损失。

（3）消弧线圈。消弧线圈可用来补偿小接地电流系统的单相接地电容电流，以利于熄灭电弧。

（4）并联电抗器。并联电抗器一般装设在 330 kV 及以上超高压配电装置的某些线路侧。其作用主要是吸收过剩的无功功率，改善沿线电压分布和无功分布，降低有功损耗，提高送电效率。

6. 仪用互感器

仪用互感器分为电流互感器和电压互感器两大类。其中，电流互感器的作用是将交流大电流变成小电流（5 A 或 1 A），供给测量仪表和继电保护装置的电流线圈使用；电压互感器的作用是将交流高电压变成低电压（100 V 或 $100/\sqrt{3}$ V），供给测量仪表和继电保护装置的电压线圈使用。仪用互感器可使测量仪表和保护装置标准化和小型化，使测量仪表和保护装置等二次设备与高压部分隔离，且互感器二次侧均接地，从而保证设备和人身安全。因为仪用互感器是一次电路（主电路）和二次电路（测量、保护及监控电路）之间的联络设备，故其既属于一次设备也属于二次设备。

7. 防御过电压设备

（1）避雷线（架空地线）。避雷线可将雷电流引入大地，保护输电线路免受雷击。

（2）避雷器。避雷器可防止雷电过电压及内过电压对电气设备造成损害。

（3）避雷针。避雷针可防止雷电直接击中配电装置的电气设备或建筑物。

8. 绝缘子

绝缘子用来支持和固定载流导体，并使载流导体与地绝缘，或使装置中不同电位的载流导体间绝缘。

9. 接地装置

接地装置用来保证电力系统正常工作或保护人身安全。前者称为工作接地，后者称为保护接地。

常用一次设备的图形与文字符号如表 1-3 所示。

表 1-3　常用一次设备的图形与文字符号

名　称	图形符号	文字符号	名　称	图形符号	文字符号
交流发电机		G	三绕组自耦变压器		T
双绕组变压器		T	电动机		M
三绕组变压器		T	断路器		QF
隔离开关		QS	电容器		C
熔断器		FU	调相机		G
普通电抗器		L	消弧线圈		L
分裂电抗器*		L	双绕组、三绕组电压互感器		TV
负荷开关		Q	具有两个铁芯和两个次级绕组、一个铁芯两个次级绕组的电流互感器		TA
接触器的主动合、主动断触头		K	避雷器		F
母线、导线和电缆		W	火花间隙		F
电缆终端头		—	接地		E

*分裂电抗器和电缆终端头的图形符号在 GB/T 4728 新标准中已取消，为便于读者理解现有电路图，一并列出。

交流系统设备端相序文字符号：第一、二、三相分别为 U、V、W(对应于旧符号 A、B、C)，中性线为 N。

1.4.2 电气二次设备

在发电厂与变电站中，除上述一次设备外，还有一些辅助设备，它们的任务是对一次设备进行测量、控制、监视、调节和保护等，这些设备称为二次设备。二次设备主要包括：仪用互感器，如电压互感器和电流互感器，它们将一次电路中的电压和电流降至较低的值，供给仪表和保护装置使用；测量仪表，如电压表、电流表、功率表、功率因数表等，它们用于测量一次电路的运行参数值；继电保护及自动装置，它们可以迅速反映出电气故障或不正常运行的情况，并根据要求进行切除故障或相应调节；直流设备，如直流发电机组、蓄电池、整流装置等，它们供给保护、操作、信号及事故照明等设备的直流用电；信号设备及控制电缆等，信号设备给出信号或显示运行状态标志，控制电缆用于连接二次设备。

（1）测量表计。测量表计用来监视、测量电路的电流、电压、功率、电能、频率及设备的温度等，如电流表、电压表、功率表、电能表、频率表、温度表等。

（2）绝缘监察装置。绝缘监察装置用来监察交、直流电网的绝缘状况。

（3）控制和信号装置。控制主要是指采用手动（用控制开关或按钮）或自动（继电保护或自动装置）方式通过操作回路实现配电装置中断路器的合、跳闸。通常断路器都有位置信号灯，有些隔离开关有位置指示器；主控制室设有中央信号装置，用来反映电气设备的事故或异常状态。

（4）继电保护及自动装置。继电保护的作用是：发生故障时，使断路器跳闸自动切除故障元件；出现异常情况时，发出信号。自动装置的作用是用来实现发电厂的自动并列、发电机自动调节励磁、电力系统频率自动调节、按频率启动水轮机组、电所的备用电源自动投入、发电厂或变输电线路自动重合闸及按事故频率自动减负荷等。

（5）直流电源设备。直流电源设备包括蓄电池组和硅整流装置，用作开关电器的操作、信号、继电保护及自动装置的直流电源，以及事故照明和直流电动机的备用电源。

（6）塞流线圈（又称高频阻波器）。塞流线圈是电力载波通信设备中必不可少的组成部分，它与耦合电容器、结合滤波器、高频电缆、高频通信机等组成电力线路高频通信通道。塞流线圈起到阻止高频电流向变电所或支线泄漏，减小高频能量损耗的作用。

1.4.3 电气主接线和配电装置的概念

一、电气主接线

一次设备按预期的生产流程所连成的电路，称为电气主接线。主接线表明电能的生产、汇集、转换、分配关系和运行方式，是运行操作、切换电路的依据，它又称为一次接线、一次电路、主系统或主电路。用国家规定的图形和文字符号表示主接线中各个元件，并将其依次连接，这样的单线图称为电气主接线图。某火电厂的电气主接线图如图 1-18 所示。

由图 1-18 可知，该火电厂有两个电压等级，即发电机电压 10 kV 及升高电压 110 kV；发电机电压母线 W1～W3 采用工作母线分段的双母线接线，即工作母线由断路器 QFd（称分段断路器）分为 W1 和 W2 两段，备用母线 W3 不分段，升高电压母线 W4、W5 为双母线接线；断路器 QFc 起到联络两组母线的作用，称为母线联络断路器（简称母联断路器）；每回进出线都装有断路器和隔离开关,断路器母线侧的隔离开关称母线隔离开关,断路器线路侧的隔离开关称线路隔离开关;发电机 G1 和 G2 发出的电力送至 10 kV 母线,一部分电能由电缆线路供给近区负荷,剩余电能则通过升压变压器 T1 和 T2 送到升高电压母线 W4、W5 上;各电缆馈线上均装有电抗器,以限制短路电流;由于 G1 和 G2 已足够供给本地区负荷,所以,发电机 G3 不再接在 10 kV 母线上,而与变压器 T3 单独接成发电机-变压器单元,以减少发电机电压母线及馈线的短路电流。

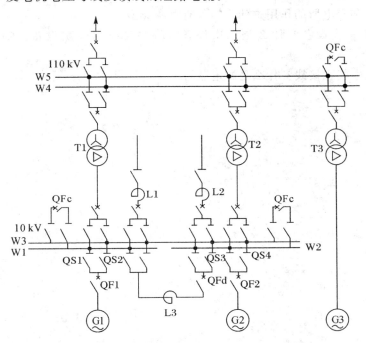

图 1-18　变电站在电力系统中位置示意图

发电厂和变电所的主接线方案是根据容量、电压等级、负荷等情况设计,并经过技术经济比较而选出的最佳方案。

二、配电装置

按主接线图,由母线、开关设备、保护电器、测量电器及必要的辅助设备所组成的接受和分配电能的装置,称为配电装置。配电装置是发电厂和变电所的重要组成部分。

配电装置按电气设备的安装地点可分为以下两种:

(1)屋内配电装置。全部设备都安装在屋内。

(2)屋外配电装置。全部设备都安装在屋外(即露天场地)。

按电气设备的组装方式可分为以下两种:

(1)装配式配电装置。电气设备在现场(屋内或屋外)组装。

(2)成套式配电装置。制造厂预先将各单元电路的电气设备装配在封闭或不封闭的金属柜中,构成单元电路的分间。成套配电装置大部分为屋内型,也有屋外型。

配电装置还可按其他方式分类,例如按电压等级分类,分为 10 kV 配电装置、35 kV 配电装置、110 kV 配电装置、220 kV 配电装置、500 kV 配电装置等。

思 考 题

（1）电能有哪些来源？

（2）我国电力工业发展状况怎样？发展方针是什么？

（3）什么是新能源发电？

（4）发电厂和变电所的作用是什么？各有哪些类型？

（5）什么是一次设备？什么是二次设备？哪些设备属一次设备？哪些设备属二次设备？

（6）什么是电气主接线？什么是配电装置？

第 2 章　负荷计算及功率因数的提高

本章首先简要介绍工厂电力负荷的分级及有关概念，然后重点讲述确定用电设备组计算负荷的常用方法，接着讲述功率损耗和电能损耗及工厂计算负荷的确定，最后介绍尖峰电流的计算(本章内容是分析工厂供电系统和进行供电设计计算的基础)。

2.1　负　荷　计　算

2.1.1　工厂电力负荷的分级及其对供电的要求

一、电力负荷的概念

电力负荷又称电力负载(electric power load)。它有两种含义：一是指耗用电能的用电设备或用电单位(用户)，如重要负荷、不重要负荷、动力负荷、照明负荷等。另一是指用电设备或用电单位所耗用的电功率或电流大小，如轻负荷(轻载)、重负荷(重载)、空负荷(空载)、满负荷(满载)等。电力负荷的含义应视具体情况而定。

二、工厂电力负荷的分级

工厂的电力负荷，按 GB 50052—2009 规定，根据其对供电可靠性的要求及中断供电造成的损失或影响的程度分为三级：

1. 一级负荷(first order load)

一级负荷为中断供电将造成人身伤亡者，或中断供电将在政治、经济上造成重大损失者，如重大设备损坏、重大产品报废、用重要原料生产的产品大量报废、国民经济中重点企业的连续生产过程被打乱需要长时间才能恢复等。

在一级负荷中，当中断供电将发生中毒、爆炸和火灾等情况的负荷，以及特别重要场所的不允许中断供电的负荷，应视为特别重要的负荷。

2. 二级负荷(second order load)

二级负荷为中断供电将在政治、经济上造成较大损失者，如主要设备损坏、大量产品报废、连续生产过程被打乱需较长时间才能恢复、重点企业大量减产等。

3. 三级负荷(third order load)

三级负荷为一般电力负荷，即所有不属于上述一、二级负荷者。

三、各级电力负荷对供电电源的要求

1. 一级负荷对供电电源的要求

由于一级负荷属重要负荷，如中断供电造成的后果十分严重，因此要求由两个电源供

电，当其中一个电源发生故障时，另一个电源不应同时受到损坏。

一级负荷中特别重要的负荷，除上述两个电源外，还必须增设应急电源。为保证对特别重要负荷的供电，严禁将其他负荷接入应急供电系统。

常用的应急电源有：

（1）独立于正常电源的发电机组。

（2）供电网络中独立于正常电源的专用馈电线路。

（3）蓄电池。

（4）干电池。

2. 二级负荷对供电电源的要求

二级负荷要求由两回路供电，供电变压器也应有两台（这两台变压器不一定在同一变电所）。在其中一回路或一台变压器发生常见故障时，二级负荷不应中断供电，或中断后能迅速恢复供电。只有当负荷较小或者当地供电条件困难时，二级负荷可由一回路 6 kV 及以上的专用架空线路供电。这是考虑发生故障时，较之电缆线路架空线路更易于发现故障及进行检查和修复。当采用电缆线路时，必须使用两根电缆并列供电，且每根电缆应能承担全部二级负荷。

3. 三级负荷对供电电源的要求

由于三级负荷为一般负荷，因此它对供电电源无特殊要求。

2.1.2 工厂用电设备的工作制

工厂的用电设备，按其工作制（duty-type）分以下三类：

1. 连续工作制（continuous running duty-type）

连续工作制的设备在恒定负荷下运行，且运行时间长到足以使之达到热平衡状态，如通风机、水泵、空气压缩机、电机发电机组、电炉和照明灯等。机床电动机的负荷，一般变动较大，但其主电动机一般是连续运行的。

2. 短时工作制（short-time duty-type）

短时工作制的设备在恒定负荷下运行的时间短（短于达到热平衡所需的时间），而停歇的时间长（长到足以使设备温度冷却到周围介质的温度），如机床上的某些辅助电动机（例如进给电动机）、控制闸门的电动机等。

3. 断续周期工作制（intermittent periodic duty-type）

断续工作制的设备周期性地时而工作，时而停歇，如此反复运行，而工作周期一般不超过 10 min，无论工作或停歇，均不足以使设备达到热平衡，如电焊机和吊车电动机等。

断续周期工作制的设备，可用"负荷持续率"（duty cycle，又称暂载率）来表征其工作特性。

负荷持续率为一个工作周期内工作时间与工作周期的百分比值，用 ε 表示，即

$$\varepsilon \stackrel{\text{def}}{=\!=} \frac{t}{T} \times 100\% = \frac{t}{t + t_0} \times 100\% \qquad (2-1)$$

式中，T 为工作周期；t 为工作周期内的工作时间；t_0 为工作周期内的停歇时间。

断续周期工作制设备的额定容量（铭牌功率）P_N，是对应于某一标准负荷持续率 ε_N 的。

如实际运行的负荷持续率 $\varepsilon \neq \varepsilon_N$，则实际容量 P_e 应按同一周期内等效发热条件进行换算。由于电流通过电阻为 R 的设备在 t 时间内，产生的热量为 I^2Rt，因此在设备产生相同热量的条件下，$I \propto 1/\sqrt{t}$。而在同一电压下，设备容量 $P \propto I$；又由式(2-1)知，同一周期 T 的负荷持续率 $\varepsilon \propto t$。因此 $P \propto 1/\sqrt{\varepsilon}$，即设备容量与负荷持续率的平方根值成反比。由此可知，如设备在 ε_N 下的容量为 P_N，则换算到 ε 下的设备容量 P_e 为

$$P_e = P_N \sqrt{\frac{\varepsilon_N}{\varepsilon}} \qquad\qquad (2-2)$$

2.1.3　负荷曲线

一、负荷曲线的基本概念

负荷曲线(load curve)是表征电力负荷随时间变动情况的一种图形。它绘在直角坐标纸上，纵坐标表示负荷(有功功率或无功功率)值，横坐标表示对应的时间(一般以小时为单位)。

负荷曲线按负荷对象分为工厂负荷曲线、车间负荷曲线或某类设备负荷曲线等；按负荷的功率性质分为有功负荷曲线和无功负荷曲线；按所表示的负荷变动时间分为年负荷曲线、月负荷曲线、日负荷曲线或工作班负荷曲线等。

图 2-1 是一班制工厂的日有功负荷曲线，其中图 2-1(a)是依点连成的负荷曲线，图 2-1(b)是绘成梯形的负荷曲线。为便于计算，负荷曲线多绘成梯形，横坐标一般按半小时分格，以便确定"半小时最大负荷"(将在后面介绍)。

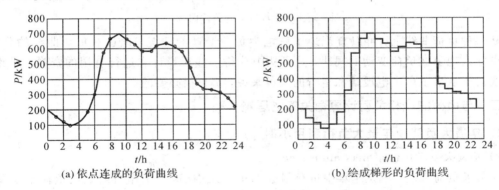

(a) 依点连成的负荷曲线　　　　　　(b) 绘成梯形的负荷曲线

图 2-1　日有功负荷曲线

年负荷曲线，通常绘成负荷持续时间曲线(load duration curve)，按负荷大小依次排列，如图 2-2(c)所示。全年按 8760 h 计。

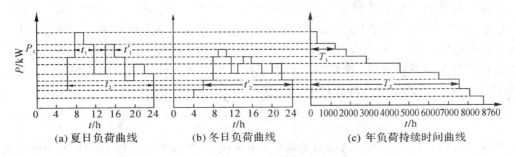

(a) 夏日负荷曲线　　　　(b) 冬日负荷曲线　　　　(c) 年负荷持续时间曲线

图 2-2　年负荷持续时间曲线的绘制

上述年负荷曲线，根据其一年中具有代表性的夏日负荷曲线（见图2-2(a)）和冬日负荷曲线（见图2-2(b)）来绘制。其夏日和冬日在全年中所占的天数，应视当地的地理位置和气温情况而定。例如在我国北方，可近似地认为夏日165天，冬日200天；而在我国南方，则可近似地认为夏日200天，冬日165天。假如绘制南方某厂的年负荷曲线（见图2-2(c)），其P_1在年负荷曲线上所占的时间$T_1 = 200(t_1 + t_1')$，P_2在年负荷曲线上所占的时间$T_2 = 200t_2 + 165t_2'$，……，其余类推。

另一种形式的年负荷曲线是按全年每日的最大负荷（通常取每日最大负荷的半小时平均值）绘制的，称为年每日最大负荷曲线，如图2-3所示。横坐标依次以全年十二个月份的日期来分格。这种年最大负荷曲线，可用来确定拥有多台电力变压器的工厂变电所在一年的不同时期应投入几台变压器最适宜，即所谓经济运行方式，以降低电能损耗，提高供电系统的经济效益。

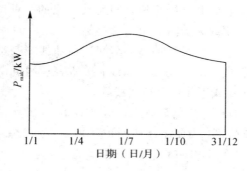

图2-3 年每日最大负荷曲线

从各种负荷曲线上，可以直观地了解电力负荷变动的情况。通过对负荷曲线的分析，可以更深入地掌握负荷变动的规律，并可从中获得一些对设计和运行有用的资料。因此负荷曲线对于从事工厂供电设计和运行的人员来说，都是很必要的。

二、与负荷曲线和负荷计算有关的物理量

1. 年最大负荷和年最大负荷利用小时

1）年最大负荷（annal maximum load）

年最大负荷P_{max}，就是全年中负荷最大的工作班内（这一工作班的最大负荷不是偶然出现的，而是全年至少出现过2～3次）消耗电能最大的半小时的平均功率，因此年最大负荷也称为半小时最大负荷P_{30}。

2）年最大负荷利用小时（utilization hours of annual maximum load）

年最大负荷利用小时又称为年最大负荷使用时间T_{max}，它是一个假想时间，在此时间内，电力负荷按年最大负荷P_{max}（或P_{30}）持续运行所消耗的电能，恰好等于该电力负荷全年实际消耗的电能。图2-4用以说明年最大负荷利用小时。图中，P_{max}延伸到T_{max}的横线与两坐标轴所包围的矩形面积，恰好等于年负荷曲线与两坐标轴所包围的面积，即全年实际消耗的电能W_a。因此年最大负荷利用小时为

$$T_{max} \stackrel{\text{def}}{=\!=} \frac{W_a}{P_{max}} \qquad (2-3)$$

年最大负荷利用小时是反映电力负荷特征的一个重要参数，它与工厂的生产班制有明

显的关系。例如一班制工厂，$T_{\max} \approx 1800 \sim 3000$ h；两班制工厂，$T_{\max} \approx 3500 \sim 4800$ h；三班制工厂，$T_{\max} \approx 5000 \sim 7000$ h。

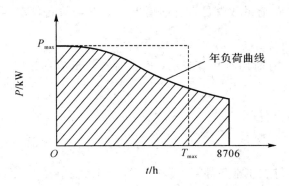

图 2 - 4　年最大负荷和年最大负荷利用小时

2. 平均负荷和负荷系数

1）**平均负荷**（average load）

平均负荷 P_{av}，就是电力负荷在一定时间 t 内平均消耗的功率，也就是电力负荷在该时间 t 内消耗的电能 W_{t} 除以时间 t 的值，即

$$P_{\mathrm{av}} \stackrel{\text{def}}{=\!=} \frac{W_{\mathrm{t}}}{t} \qquad (2-4)$$

图 2 - 5 用以说明年平均负荷。图中，年平均负荷 P_{av} 的横线与两坐标轴所包围的矩形面积，恰好等于年负荷曲线与两坐标轴所包围的面积，即全年实际消耗的电能 W_{a}。因此，年平均负荷为

$$P_{\mathrm{av}} \stackrel{\text{def}}{=\!=} \frac{W_{\mathrm{a}}}{8760} \qquad (2-5)$$

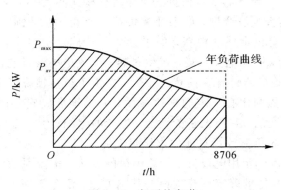

图 2 - 5　年平均负荷

2）**负荷系数**（load coefficient）

负荷系数又称负荷率，它是用电负荷的平均负荷 P_{av} 与其最大负荷 $P_{\max}$ 的比值，即

$$K_{\mathrm{L}} \stackrel{\text{def}}{=\!=} \frac{P_{\mathrm{av}}}{P_{\max}} \qquad (2-6)$$

对负荷曲线来说，负荷系数亦称负荷曲线填充系数，它表征负荷曲线不平坦的程度，即表征负荷起伏变动的程度。从充分发挥供电设备的能力、提高供电效率方面来说，此系

数越高越趋近于 1 越好。从发挥整个电力系统的效能方面来说,应尽量使工厂的不平坦的负荷曲线"削峰填谷",提高负荷系数。

对用电设备来说,负荷系数就是设备的输出功率 P 与设备额定容量 P_{av} 的比值,即

$$K_L \stackrel{def}{=\!=} \frac{P}{P_N} \qquad (2-7)$$

负荷系数(负荷率)有时用符号 β 表示;也有时有功负荷系数用 α 表示,无功负荷系数用 β 表示。

2.1.4　负荷计算的方法

一、概述

若要使供电系统能够在正常条件下可靠地运行,则系统中各个元件(包括电力变压器、开关设备及导线、电缆等)都必须选择得当,除了满足工作电压和频率的要求外,最重要的就是要满足负荷电流的要求。因此有必要对供电系统中各个环节的电力负荷进行统计计算。

通过负荷的统计计算求出的、用来按发热条件选择供电系统中各元件的负荷值,称为计算负荷(calculated load)。一般,根据计算负荷选择的电气设备和导线电缆,若以计算负荷连续运行,则其发热温度不会超过允许值。

由于导体通过电流达到稳定温升的时间大约为 $(3\sim4)\tau$,τ 为发热时间常数。截面在 16 mm² 及以上的导体,其 $\tau \geqslant 10$ min,因此载流导体大约经 30 min(即经半小时)后可达到稳定温升值。由此可见,计算负荷实际上与从负荷曲线上查得的半小时最大负荷 P_{30}(即年最大负荷 P_{max})是基本相当的。所以计算负荷也可认为是半小时最大负荷。本来有功计算负荷可表示为 P_c,无功计算负荷可表示为 Q_c,计算电流可表示为 l_c,但考虑到其"计算"c 易与"电容"C 混淆,因此本书借用半小时最大负荷 P_{30} 来表示其有功计算负荷,而无功计算负荷、视在计算负荷和计算电流则分别表示为 Q_{30}、S_{30}、I_{30}。

计算负荷是供电设计计算的基本依据。计算负荷确定得是否正确合理,直接影响到电器和导线电缆的选择是否经济合理。如果计算负荷确定得过大,则将使电器和导线电缆选用得过大,造成投资和有色金属的浪费。如果计算负荷确定得过小,则又将使电器和导线电缆处于过负荷下运行,增加电能损耗,产生过热,导致绝缘过早老化甚至烧毁,同样要造成损失。由此可见,正确确定计算负荷意义重大。但由于负荷情况复杂,影响计算负荷的因素很多,虽然各类负荷的变化有一定的规律可循,但仍难准确确定计算负荷的大小。实际上,负荷也不是一成不变的,它与设备的性能、生产的组织、生产者的技能及能源供应的状况等多种因素有关。因此负荷计算只能力求接近实际。

我国目前普遍采用的确定用电设备组计算负荷的方法有需要系数法和二项式法。需要系数法是世界各国均普遍采用的确定计算负荷的基本方法,简单方便。二项式法的应用局限性较大,但在确定设备台数较少而容量差别悬殊的分支干线的计算负荷时,比需要系数法合理,且计算也较简便。本书只介绍这两种计算方法。关于以概率论为理论基础而提出的取代二项式法的利用系数法,由于其计算比较繁杂而未得到普遍应用,且限于篇幅故从略。

二、按需要系数法确定计算负荷

1. 基本公式

用电设备组的计算负荷是指用电设备组从供电系统中取用的半小时最大负荷 P_{30},如

图 2-6 所示。用电设备组的设备容量(equipment capability)P_e 是指用电设备组所有设备(不含备用设备)的额定容量 P_N 之和，即 $P_e = \sum P_N$。而设备的额定容量是设备在额定条件下的最大输出功率(出力)。但是用电设备组的设备实际上不一定都同时运行，运行的设备也不太可能都满负荷，同时设备本身有功率损耗，配电线路也有功率损耗，因此用电设备组的有功计算负荷应为

$$P_{30} = \frac{K_\Sigma K_L}{\eta_e \eta_{WL}} P_e \tag{2-8}$$

式中，K_Σ 为设备组的同时系数，即设备组在最大负荷时运行的设备容量与全部设备容量之比；K_L 为设备组的负荷系数，即设备组在最大负荷时的输出功率与运行的设备容量之比；η_e 为设备组的平均效率，即设备组在最大负荷时的输出功率与取用功率之比；η_{WL} 为配电线路的平均效率，即配电线路在最大负荷时的末端功率(即设备组的取用功率)与首端功率(即计算负荷)之比。

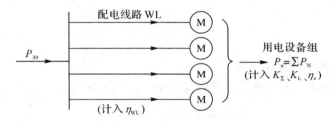

图 2-6　用电设备组的计算负荷

令式(2-8)中的 $K_\Sigma K_L / (\eta_e \cdot \eta_{WL}) = K_d$，这里的 K_d 称为需要系数(demand coefficient)。由式(2-8)可知需要系数的定义式为

$$K_d \stackrel{\text{def}}{=\!=} \frac{P_{30}}{P_e} \tag{2-9}$$

即用电设备组的需要系数，是用电设备组在最大负荷时需要的有功功率与其设备容量的比值。

由此可得按需要系数法确定三相用电设备组有功计算负荷的基本公式为

$$P_{30} = K_d P_e \tag{2-10}$$

实际上，需要系数 K_d 不仅与用电设备组的工作性质、设备台数、设备效率和线路损耗等因素有关，而且与操作人员的技能和生产组织等多种因素有关，因此应尽可能地通过实测分析确定，使之尽量接近实际。

附表 1-1(见附录 1)列出了各种用电设备组的需要系数值，以供参考。

必须注意：附表 1-1 所列需要系数值是按车间范围内设备台数较多的情况来确定的，所以需要系数值一般都比较低，例如冷加工机床组的需要系数值平均只有 0.2 左右。因此需要系数法较适用于确定车间的计算负荷。如果采用需要系数法来计算支线或分支干线上用电设备组的计算负荷，则附表 1-1 中的需要系数值往往偏小，宜适当取大。只有 1~2 台设备时，可认为 $K_d = 1$，即 $P_{30} = P_e$。但对于电动机，由于它本身损耗较大，因此当只有一台电动机时，$P_{30} = P_N/\eta$，式中 P_N 为电动机的额定容量，η 为电动机的效率。在 K_d 适当取大的同时，$\cos\phi$ 也应适当取大。

这里还要指出：需要系数值与用电设备的类别和工作状态有极大的关系，因此在计算

时首先要正确判明用电设备的类别和工作状态，否则将造成错误。例如机修车间的金属切削机床电动机，应属小批生产的冷加工机床电动机，因为金属切削就是冷加工，而机修不可能是大批生产。又如压塑机、拉丝机和锻锤等，应属热加工机床。再如起重机、行车或电葫芦等，属吊车类。

在求出有功计算负荷 P_{30} 后，可按下列各式分别求出其余的计算负荷。

无功计算负荷为

$$Q_{30} = P_{30} \tan\phi \qquad\qquad (2-11)$$

式中，$\tan\phi$ 为对应于用电设备组 $\cos\phi$ 的正切值。

视在计算负荷为

$$S_{30} = \frac{P_{30}}{\cos\phi} \qquad\qquad (2-12)$$

式中，$\cos\phi$ 为用电设备组的平均功率因数。

计算电流为

$$I_{30} = \frac{S_{30}}{\sqrt{3}U_N} \qquad\qquad (2-13)$$

式中，U_N 为用电设备组的额定电压。

如果为一台三相电动机，则其计算电流就取为其额定电流，即

$$I_{30} = I_N = \frac{P_N}{\sqrt{3}U_N\cos\phi\,\eta} \qquad\qquad (2-14)$$

负荷计算中常用的单位：有功功率为"千瓦"（kW），无功功率为"千乏"（kvar），视在功率为"千伏安"（kV·A），电流为"安"（A），电压为"千伏"（kV）。

例 2-1 已知某机修车间的金属切削机床组拥有 380 V 的三相电动机 38 台，其中 7.5 kW 的有 3 台，4 kW 的有 8 台，3 kW 的有 17 台，1.5 kW 的有 10 台。试用需要系数法求其计算负荷。

解 此机床组电动机的总容量为

$$P_e = 7.5 \times 3 + 4 \times 8 + 3 \times 17 + 1.5 \times 10 = 120.5 \text{ kW}$$

查附表 1-1 得 $K_d = 0.16 \sim 0.2$（取 0.2），$\cos\phi = 0.5$，$\tan\phi = 1.73$

有功计算负荷 $P_{30} = 0.2 \times 120.5 = 24.1 \text{ kW}$

无功计算负荷 $Q_{30} = 24.1 \times 1.73 = 41.7 \text{ kvar}$

视在计算负荷 $S_{30} = \dfrac{24.1}{0.5} = 48.2 \text{ kV·A}$

计算电流 $I_{30} = \dfrac{48.2}{\sqrt{3} \times 0.38} = 73.2 \text{ A}$

2. 设备容量的计算

需要系数法基本公式（$P_{30} = K_d P_e$）中的设备容量 P_e，不含备用设备的容量在内，而且要注意，此容量的计算与用电设备组的工作制有关。

1）对一般连续工作制和短时工作制的用电设备组

对于一般连续工作制和短时工作制的用电设备组来说，设备容量就是所有设备的铭牌额定容量之和。

2）对断续周期工作制的用电设备组

对于断续周期工作制的用电设备组来说，设备容量就是将所有设备在不同负荷持续率下的铭牌额定容量换算到一个统一的负荷持续率下的功率之和。换算的公式为式（2-2）。断续周期工作制的用电设备常用的有电焊机和吊车电动机，各自的换算要求如下：

（1）电焊机组要求统一换算到 $\varepsilon = 100\%$[①]。由式（2-2）可得换算后的设备容量为

$$\begin{cases} P_e = P_N \sqrt{\dfrac{\varepsilon_N}{\varepsilon_{100}}} = S_N \cos\phi \sqrt{\dfrac{\varepsilon_N}{\varepsilon_{100}}} \\ P_e = P_N \sqrt{\varepsilon_N} = S_N \cos\phi \sqrt{\varepsilon_N} \end{cases} \tag{2-15}$$

式中，P_N，S_N 为电焊机的铭牌容量（前者为有功功率，后者为视在功率）；ε_N 为与铭牌容量对应的负荷持续率（计算中用小数）；ε_{100} 为其值为 100% 的负荷持续率（计算中用 1）；$\cos\phi$ 为铭牌规定的功率因数。

（2）吊车电动机组要求统一换算到 $\varepsilon = 25\%$[②]。由式（2-2）可得换算后的设备容量为

$$P_e = P_N \sqrt{\dfrac{\varepsilon_N}{\varepsilon_{25}}} = 2P_e \sqrt{\varepsilon_N} \tag{2-16}$$

式中，P_N 为吊车电动机的铭牌容量；ε_N 为与铭牌容量对应的负荷持续率（计算中用小数）；ε_{25} 为其值为 25% 的负荷持续率（计算中用 0.25）。

3. 多组用电设备计算负荷的确定

确定拥有多组用电设备的干线上或车间变电所低压母线上的计算负荷时，应考虑各组用电设备的最大负荷不同时出现的因素。因此在确定多组用电设备的计算负荷时，应结合具体情况对其有功负荷和无功负荷分别计入一个同时系数（又称参差系数或综合系数）$K_{\Sigma p}$ 和 $K_{\Sigma q}$。

（1）对车间干线：

$$K_{\Sigma p} = 0.85 \sim 0.95$$
$$K_{\Sigma q} = 0.90 \sim 0.97$$

（2）对低压母线：

① 由用电设备组计算负荷直接相加来计算时：

$$K_{\Sigma p} = 0.80 \sim 0.90$$
$$K_{\Sigma q} = 0.85 \sim 0.95$$

② 由车间干线计算负荷直接相加来计算时：

$$K_{\Sigma p} = 0.90 \sim 0.95$$
$$K_{\Sigma q} = 0.93 \sim 0.97$$

总的有功计算负荷为

---

① 电焊机的铭牌负荷持续率有 20%、40%、50%、60%、75%、100% 等多种，而 $\varepsilon = 100\%$ 时，$\sqrt{\varepsilon} = 1$，换算最为简便，因此规定其设备容量统一换算至 $\varepsilon = 100\%$；电焊机的需要系数及其他系数可参照附表 1-1 中的点焊机和对焊机（$\varepsilon = 100\%$）。

② 吊车（起重机）的铭牌负荷持续率有 15%、25%、40%、60% 等几种，而 $\varepsilon = 25\%$ 时，$\sqrt{\varepsilon} = 0.5$，换算最为简便，因此规定其设备容量统一换算至 $\varepsilon = 25\%$；附表 1-1 中吊车的需要系数及其他系数也都是对应于 $\varepsilon = 25\%$ 的。

$$P_{30} = K_{\Sigma p} \sum P_{30,i} \qquad (2-17)$$

总的无功计算负荷为

$$Q_{30} = K_{\Sigma q} \sum Q_{30,i} \qquad (2-18)$$

式(2-17)和式(2-18)中的 $\sum P_{30,i}$ 和 $\sum Q_{30,i}$，分别为各组设备的有功和无功计算负荷之和。

总的视在计算负荷为

$$S_{30} = \sqrt{P_{30}^2 + Q_{30}^2} \qquad (2-19)$$

总的计算电流为

$$I_{30} = \frac{S_{30}}{\sqrt{3} U_N} \qquad (2-20)$$

注意：由于各组设备的功率因数不一定相同，因此总的视在计算负荷和计算电流一般不能用各组的视在计算负荷或计算电流之和来计算，总的视在计算负荷也不能按式(2-12)计算。

此外还应注意：在计算多组设备总的计算负荷时，为了简化和统一，各组的设备台数不论多少，各组的计算负荷均按附表1-1所列的计算系数来计算，而不必考虑设备台数少需适当增大 K_d 和 $\cos\phi$ 值的问题。

例 2-2 某机修车间 380 V 线路上，接有金属切削机床电动机 20 台共 50 kW(其中较大容量电动机有 11 台，分别为 1 台 7.5 kW 的、3 台 4 kW 的、7 台 2.2 kW 的)，通风机 2 台共 3 kW，电阻炉 1 台 2 kW。试用需要系数法确定此线路上的计算负荷。

解 先求各组的计算负荷。

(1) 金属切削机床组。

查附表 1-1，取 $K_d = 0.2$，$\cos\phi = 0.5$，$\tan\phi = 1.73$

$$P_{30(1)} = 0.2 \times 50 = 10 \text{ kW}$$

$$Q_{30(1)} = 10 \times 1.73 = 17.3 \text{ kvar}$$

(2) 通风机组。

$$K_d = 0.8, \cos\phi = 0.8, \tan\phi = 0.75$$

$$P_{30(2)} = 0.8 \times 3 = 2.4 \text{ kW}$$

$$Q_{30(2)} = 2.4 \times 0.75 = 1.8 \text{ kvar}$$

(3) 电阻炉。

$$K_d = 0.7, \cos\phi = 1, \tan\phi = 0$$

$$P_{30(3)} = 0.7 \times 2 = 1.4 \text{ kW}$$

$$Q_{30(3)} = 0$$

因此总的计算负荷为(取 $K_{\Sigma p} = 0.95$，$K_{\Sigma q} = 0.97$)

$$P_{30} = 0.95 \times (10 + 2.4 + 1.4) = 13.1 \text{ kW}$$

$$Q_{30} = 0.97 \times (17.3 + 1.8 + 0) = 18.5 \text{ kvar}$$

$$S_{30} = \sqrt{13.1^2 + 18.5^2} = 22.7 \text{ kV} \cdot \text{A}$$

$$I_{30} = \frac{22.7}{\sqrt{3} \times 0.38} = 34.5 \text{ A}$$

在实际工程设计说明中，常采用计算表格的形式，如表 2-1 所示。

表 2-1　按需要系数法确定的计算负荷

序号	用电设备组名称	台数 n	容量 P_e/kW	需要系数 K_d	$\cos\phi$	$\tan\phi$	计算负荷			
							p_{30}/kW	Q_{30}/kvar	S_{30}/(kV·A)	I_{30}/A
1	金属切削机床	20	50	0.2	0.5	1.73	10	17.3		
2	通风机	2	3	0.8	0.8	0.75	2.4	1.8		
3	电阻炉	1	2	0.7	1	0	1.4	0		
车间总计		23	55				13.8	19.1		
	取 $K_{\Sigma p}=0.95$　$K_{\Sigma q}=0.97$						13.1	18.5	22.7	34.5

三、按二项式法确定计算负荷

1. 基本公式

二项式法的基本公式是

$$P_{30}=bP_e+cP_x \tag{2-21}$$

式中，bP_e 为用电设备组的平均功率，其中 P_e 是用电设备组的设备总容量，其计算方法如前需要系数法中所述；cP_x 为用电设备组中 x 台容量最大的设备投入运行时增加的附加负荷，其中 P_x 是 x 台最大容量的设备总容量（b、c 为二项式系数）。

其余的计算负荷 Q_{30}、S_{30} 和 P_{30} 的计算与前述需要系数法的计算相同。

附表 1-1 中也列有部分用电设备组的二项式系数 b、c 和最大容量的设备台数 x 值，仅供参考。

但必须注意：按二项式法确定计算负荷时，如果设备总台数 n 少于附表 1-1 中规定的最大容量设备台数 x 的 2 倍（即 $n<2x$）时，则其最大容量设备台数 x 宜适当取小，建议取为 $x=n/2$，且按"四舍五入"修约规则取整数。例如，某机床电动机组只有 7 台时，其 $x=7/2\approx4$。

如果用电设备组只有 1～2 台设备时，则认为 $P_{30}=P_e$。对于单台电动机，其 $P_{30}=P_N/\eta$，式中 P_N 为电动机额定容量，η 为其额定效率。在设备台数较少时，$\cos\phi$ 应适当取大。

由于二项式法不仅考虑了用电设备组最大负荷时的平均功率，而且考虑了少数容量最大的设备投入运行时对总计算负荷的额外影响，所以二项式法比较适用于确定设备台数较少而容量差别较大的低压干线和分支线的计算负荷。但是二项式计算系数 b、c 和 x 的值，缺乏充分的理论根据，而且这些系数只适合机械加工工业，其他行业在该方面数据缺乏，从而使其应用受到一定局限。

例 2-3　试用二项式法来确定例 2-1 所示机床组的计算负荷。

解　由附表 1-1 查得 $b=0.14$，$c=0.4$，$x=5$，$\cos\phi=0.5$，$\tan\phi=1.73$。

设备总容量为

$$P_e=120.5 \text{ kW}$$

x 台最大容量的设备容量为

$$P_x=P_5=7.5\times3+4\times2=30.5 \text{ kW}$$

有功计算负荷为

$$P_{30} = 0.14 \times 120.5 + 0.4 \times 30.5 = 29.1 \text{ kW}$$

无功计算负荷为

$$Q_{30} = 29.1 \times 1.73 = 50.3 \text{ kvar}$$

视在计算负荷为

$$S_{30} = \frac{29.1}{0.5} = 58.2 \text{ kV} \cdot \text{A}$$

计算电流为

$$I_{30} = \frac{58.2}{\sqrt{3} \times 0.38} = 88.4 \text{ A}$$

比较例 2-1 和例 2-3 的计算结果可以看出,按二项式法计算的结果比按需要系数法计算的结果稍大,特别是在设备台数较少的情况下。供电设计的经验说明,选择低压分支干线或支线时,按需要系数法计算的结果往往偏小,以采用二项式法计算为宜。我国建筑行业标准 JGJ 16—2008《民用建筑电气设计规范》中规定:用电设备台数较少,各台设备容量相差悬殊时,宜采用二项式法。

2. 多组用电设备计算负荷的确定

采用二项式法确定多组用电设备总的计算负荷时,亦应考虑各组用电设备的最大负荷不同时出现的因素。但是不应计入一个同时系数,而是应在各组用电设备中取其中一组最大的附加负荷 cP_x,再加上各组的平均负荷 bP_e,由此求得总的有功计算负荷。即总的有功计算负荷为

$$P_{30} = \sum (bP_e)_i + (cP_x)_{\max} \tag{2-22}$$

总的无功计算负荷为

$$Q_{30} = \sum (bP_e \tan\phi)_i + (cP_x)_{\max} \tan\phi_{\max} \tag{2-23}$$

式中,$\tan\phi_{\max}$ 为最大附加负荷 $(cP_x)_{\max}$ 的设备组的平均功率因数角的正切值。

关于总的视在计算负荷 S_{30} 和总的计算电流 I_{30},仍按式(2-19)和式(2-20)计算。

为了简化和统一,按二项式法计算多组设备总的计算负荷时,不论各组设备台数多少,各组的计算系数 b、c、x 和 $\cos\phi$ 等均按附表 1-1 所列数值取值。

例 2-4 试用二项式法确定例 2-2 所述机修车间 380 V 线路的计算负荷。

解:先求各组的 bP_e 和 cP_x。

(1)金属切削机床组。

由附表 1-1 查得 $b=0.14$,$c=0.4$,$x=5$,$\cos\phi=0.5$,$\tan\phi=1.73$,故

$$bP_{e(1)} = 0.14 \times 50 = 7 \text{ kW}$$

$$cP_{x(1)} = 0.4(7.5 \times 1 + 4 \times 3 + 2.2 \times 1) = 8.68 \text{ kW}$$

(2)通风机组。

查附表 1-1 得 $b=0.65$,$c=0.25$,$x=5$,$\cos\phi=0.8$,$\tan\phi=0.75$,故

$$bP_{e(2)} = 0.65 \times 3 = 1.95 \text{ kW}$$

$$cP_{x(2)} = 0.25 \times 3 = 0.75 \text{ kW}$$

(3)电阻炉。

查附表 1-1 得 $b=0.7$,$c=0$,$x=0$,$\cos\phi=1$,$\tan\phi=0$,故

$$bP_{e(3)} = 0.7 \times 2 = 1.4 \text{ kW}$$

$$cP_{x(3)} = 0$$

以上各组设备中，附加负荷以 $cP_{x(1)}$ 为最大，因此总计算负荷为

$$P_{30} = (7 + 1.95 + 1.4) + 8.68 = 19 \text{ kW}$$

$$Q_{30} = (7 \times 1.73 + 1.95 \times 0.75 + 0) + 8.68 \times 1.73 = 28.6 \text{ kvar}$$

$$S_{30} = \sqrt{19^2 + 28.6^2} = 34.3 \text{ kV} \cdot \text{A}$$

$$I_{30} = \frac{34.3}{\sqrt{3} \times 0.38} = 52.1 \text{ A}$$

比较例 2-2 和例 2-4 的计算结果可以看出，按二项式法计算的结果比按需要系数法计算的结果大得比较多，也更为合理。

按一般工程设计说明书要求，以上计算可列成如表 2-2 所示的电力负荷计算表。

表 2-2　电力负荷计算表

序号	用电设备组名称	设备台数		容量		二项式系数		$\cos\phi$	$\tan\phi$	计算负荷			
		总台数	最大容量台数	P_e/kW	P_x/kW	b	c			P_{30}/kW	Q_{30}/kvar	S_{30}/(kV·A)	I_{30}/A
1	切削机床	20	5	50	21.7	0.14	0.4	0.5	1.73	7+8.68	12.1+15.0		
2	通风机	2	5	3	3	0.65	0.25	0.8	0.75	1.95+0.75	1.46+0.56		
3	电阻炉	1	0	2	0	0.7	0	1	0	1.4			
	总计	23		55						19	28.6	34.3	52.1

2.1.5　单相用电设备组计算负荷的确定

一、概述

在工厂里，除了广泛应用的三相设备外，还应用诸如电焊机、电炉、电灯等各种单相设备。若将单相设备接在三相线路中，则应尽可能地均衡分配，使三相负荷尽可能地平衡。如果三相线路中单相设备的总容量不超过三相设备总容量的 15%，则不论单相设备如何分配，它都可与三相设备综合按三相负荷平衡计算。如果单相设备容量超过三相设备容量 15%，则应先将单相设备容量换算为等效的三相设备容量，然后再与三相设备容量相加。

由于确定计算负荷主要是为了选择线路上的设备和导线(包括电缆)，使线路上的设备和导线在计算电流通过时不至过热或损坏，因此在接有较多单相设备的三相线路中，不论单相设备接于相电压还是接于线电压，只要三相负荷不平衡，就应以最大负荷相有功负荷的 3 倍作为等效三相有功负荷，以满足安全运行的要求。

二、单相设备组等效三相负荷的计算

1. 单相设备接于相电压时的负荷计算

等效三相设备容量 P_e 应按最大负荷相所接的单相设备容量 $P_{e,m\phi}$ 的 3 倍计算，即

$$P_e = 3P_{e,m\phi} \tag{2-24}$$

等效三相计算负荷则按前述需要系数法计算。

2. 单相设备接于线电压时的负荷计算

1）接于同一线电压时

由于容量为 $P_{e,\phi}$ 的单相设备接在线电压上产生的电流 $I = P_{e,\phi}/(U\cos\phi)$，这一电流应与其等效三相设备容量 P_e 产生的电流 $I' = P_e/(\sqrt{3}U\cos\phi)$ 相等，因此其等效三相设备容量为

$$P_e = \sqrt{3}P_{e,\phi} \tag{2-25}$$

2）接于不同线电压时

如图 2-7 所示，设 $P_1 > P_2 > P_3$，且 $\cos\phi_1 \neq \cos\phi_2 \neq \cos\phi_3$，$P_1$ 接于 U_{UV}，P_2 接于 U_{VW}，P_3 接于 U_{WU}。按等效发热原理，可等效为图示的三种结线的叠加：① U_{UV}、U_{VW}、U_{WU} 间各接 P_3，其等效三相容量为 $3P_3$；② U_{UV}、U_{VW} 间各接 $P_2 - P_3$，其等效三相容量为 $3(P_2 - P_3)$①；③ U_{UV} 间接 $P_1 - P_2$，其等效三相容量为 $\sqrt{3}(P_1 - P_2)$。因此 P_1、P_2、P_3 接于不同线电压的等效三相设备容量为

$$P_e = \sqrt{3}P_1 + (3 - \sqrt{3})P_2 \tag{2-26}$$

$$Q_e = \sqrt{3}P_1\tan\phi_1 + (3 - \sqrt{3})P_2\tan\phi_2 \tag{2-27}$$

等效三相计算负荷同样按需要系数法计算。

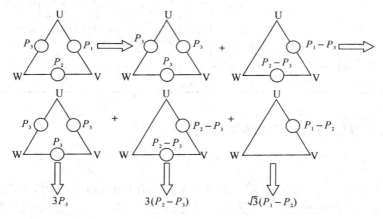

图 2-7 接于各线电压的单相负荷的等效变换程序

3. 单相设备分别接于线电压和相电压时的负荷计算

首先应将接于线电压的单相设备容量换算为接于相电压的设备容量，然后分相计算各相的设备容量和计算负荷，而总的等效三相有功计算负荷为其最大有功负荷相的有功计算负荷 $P_{30,m\phi}$ 的 3 倍，即

$$P_{30} = 3P_{30,m\phi} \tag{2-28}$$

总的等效三相无功计算负荷为最大有功负荷相的无功计算负荷 $Q_{30,m\phi}$ 的 3 倍，即

$$Q_{30} = 3Q_{30,m\phi} \tag{2-29}$$

① U_{UV}、U_{VW} 间各接单相负荷 P 时，V 相电流最大，$I_V = I_{UV} + I_{VW}$，其量值 $I_V = \sqrt{3}I_{UV} = \sqrt{3}I_{VW} = \sqrt{3}P/(U\cos\phi)$；而等效三相设备容量 P_e 的电流 $I = P_e/(\sqrt{3}U\cos\phi)$ 应与 I_V 相等，因此 $P_e = 3P$。

　　关于将接于线电压的单相设备容量换算为接于相电压的设备容量的问题，可按下列换算公式进行换算（推导从略）：

U 相
$$P_A = p_{AB-A} P_{AB} + p_{CA-A} P_{WU} \qquad (2-30)$$
$$Q_A = q_{AB-A} P_{AB} + q_{CA-A} P_{CA} \qquad (2-31)$$

V 相
$$P_B = p_{BC-B} P_{BC} + p_{AB-B} P_{UV} \qquad (2-32)$$
$$Q_B = q_{BC-B} P_{BC} + q_{AB-B} P_{AB} \qquad (2-33)$$

W 相
$$P_C = p_{CA-C} P_{CA} + p_{BC-C} P_{VW} \qquad (2-34)$$
$$Q_C = q_{CA-C} P_{CA} + q_{BC-C} P_{BC} \qquad (2-35)$$

式中，P_{AB}、P_{BC}、P_{CA} 为接于 AB、BC、CA 相间的有功设备容量；P_A、P_B、P_C 为换算为 A、B、C 相的有功设备容量；Q_A、Q_B、Q_C 为换算为 A、B、C 相的无功设备容量；p_{AB-A}、q_{AB-A} 为接于 UV、VW、WU 相间的设备容量换算为 U、V、W 相设备容量的有功和无功换算系数，如表 2－3 所列。

表 2－3　相间负荷换算为相负荷的功率换算系数

功率换算系数	负荷功率因数								
	0.35	0.4	0.5	0.6	0.65	0.7	0.8	0.9	1.0
p_{AB-A}、p_{BC-B}、p_{CA-C}	1.27	1.17	1.0	0.89	0.84	0.8	0.72	0.64	0.5
p_{AB-B}、p_{BC-C}、p_{CA-A}	−0.27	−0.17	0	0.11	0.16	0.2	0.28	0.36	0.5
q_{AB-A}、q_{BC-B}、q_{CA-C}	1.05	0.86	0.58	0.38	0.3	0.22	0.09	−0.05	−0.29
q_{AB-B}、q_{BC-C}、q_{CA-A}	1.63	1.44	1.16	0.96	0.88	0.8	0.67	0.53	0.29

　　例 2－5　如图 2－8 所示，220/380 V 三相四线制线路上，接有 220 V 单相电热干燥箱 4 台，其中 2 台 10 kW 接于 U 相，1 台 30 kW 接于 V 相，1 台 20 kW 接于 W 相。另有 380 V 单相对焊机 4 台，其中 2 台 14 kW（ε＝100%）接于 UV 相间，1 台 20 kw（ε＝100%）接于 VW 相间，1 台 30 kW（ε＝60%）接于 WU 相间。试求此线路的计算负荷。

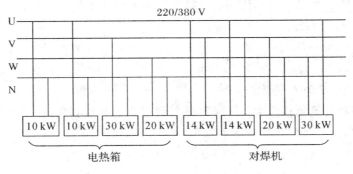

图 2－8　例 2－5 图

　　解　（1）电热干燥箱的各相计算负荷。

　　查附表 1－1 得 $K_d = 0.7$，$\cos\phi = 1$，$\tan\phi = 0$。计算其有功计算负荷：

U 相　　　　　　　　$P_{30,U(1)} = K_d P_{e,U} = 0.7 \times 2 \times 10 = 14 \text{ kW}$

V 相 $\quad P_{30,\text{V}(1)}=K_d P_{e,\text{V}}=0.7\times1\times30=21\text{ kW}$

W 相 $\quad P_{30,\text{W}(1)}=K_d P_{e,\text{W}}=0.7\times1\times20=14\text{ kW}$

（2）焊机的各相计算负荷。

先将接于 WU 相间的 30 kW（$\varepsilon=60\%$）换算至 $\varepsilon=100\%$ 的容量，即

$$P_{\text{WU}}=\sqrt{0.6}\times30=23\text{ kW}$$

查附表 1-1 得 $K_d=0.35$，$\cos\phi=0.7$，$\tan\phi=1.02$；再由表 2-3 查得 $\cos\phi=0.7$ 时，功率换算系数 $p_{\text{UV-u}}=p_{\text{VW-v}}=p_{\text{WU-w}}=0.8$，$p_{\text{UV-v}}=p_{\text{VW-w}}=p_{\text{WU-u}}=0.2$，$q_{\text{UV-u}}=q_{\text{VW-v}}=q_{\text{WU-w}}=0.22$，$q_{\text{UV-v}}=q_{\text{VW-w}}=q_{\text{WU-u}}=0.8$。因此对焊机换算到各相的有功和无功设备容量为

U 相 $\quad P_{\text{U}}=0.8\times2\times14+0.2\times23=27\text{ kW}$

$\qquad Q_{\text{U}}=0.22\times2\times14+0.8\times23=24.6\text{ kvar}$

V 相 $\quad P_{\text{V}}=0.8\times20+0.2\times2\times14=21.6\text{ kW}$

$\qquad Q_{\text{V}}=0.22\times20+0.8\times2\times14=26.8\text{ kvar}$

W 相 $\quad P_{\text{W}}=0.8\times23+0.2\times20=22.4\text{ kW}$

$\qquad Q_{\text{W}}=0.22\times23+0.8\times20=21.1\text{ kvar}$

各相的有功和无功计算负荷为

U 相 $\quad P_{30,\text{U}(2)}=0.35\times27=9.45\text{ kW}$

$\qquad Q_{30,\text{U}(2)}=0.35\times24.6=8.61\text{ kvar}$

V 相 $\quad P_{30,\text{V}(2)}=0.35\times21.6=7.56\text{ kW}$

$\qquad Q_{30,\text{V}(2)}=0.35\times26.8=9.38\text{ kvar}$

W 相 $\quad P_{30,\text{W}(2)}=0.35\times22.4=7.84\text{ kW}$

$\qquad Q_{30,\text{W}(2)}=0.35\times21.1=7.39\text{ kvar}$

（3）各相总的有功和无功计算负荷。

U 相 $\quad P_{30,\text{U}}=P_{30,\text{U}(1)}+P_{30,\text{U}(2)}=14+9.45\approx23.5\text{ kW}$

$\qquad Q_{30,\text{U}}=Q_{30,\text{U}(2)}=8.61\text{ kvar}$

V 相 $\quad P_{30,\text{V}}=P_{30,\text{V}(1)}+P_{30,\text{V}(2)}=21+7.56\approx28.6\text{ kW}$

$\qquad Q_{30,\text{V}}=Q_{30,\text{V}(2)}=9.38\text{ kvar}$

W 相 $\quad P_{30,\text{W}}=P_{30,\text{W}(1)}+P_{30,\text{W}(2)}=14+7.84\approx21.8\text{ kW}$

$\qquad Q_{30,\text{W}}=Q_{30,\text{W}(2)}=7.39\text{ kvar}$

（4）总的等效三相计算负荷。

因 V 相的有功计算负荷最大，故取 V 相计算等效三相计算负荷，由此可得

$$P_{30}=3P_{30,\text{V}}=3\times28.6=85.8\text{ kW}$$

$$Q_{30}=3Q_{30,\text{V}}=3\times9.38=28.1\text{ kvar}$$

$$S_{30}=\sqrt{P_{30}^2+Q_{30}^2}=\sqrt{85.8^2+28.1^2}\approx90.3\text{ kV}\cdot\text{A}$$

$$I_{30}=\frac{S_{30}}{\sqrt{3}U_\text{N}}=\frac{90.3}{\sqrt{3}\times0.38}\approx137\text{ A}$$

以上计算也可列成表格，限于篇幅，故从略。

2.2　供电系统的功率损耗和电能损耗

2.2.1　供电系统的功率损耗

在确定各用电设备组的计算负荷后，如要确定车间或工厂的计算负荷，就需要逐级计入有关线路和变压器的功率损耗，如图 2-9 所示。例如车间变电所低压配电线 WL2 首端的计算负荷 $P_{30,4}$ 等于其末端计算负荷 $P_{30,5}$ 加上该线路损耗 ΔP_{WL2}（无功计算负荷则应加上无功损耗，此略）；高压配电线 WL2 首端的计算负荷 $P_{30,2}$ 等于车间变电所低压侧计算负荷 $P_{30,3}$ 加上变压器 T 的损耗 ΔP_T，再加上高压配电线 WL1 的功率损耗 ΔP_{WL1}。为此，本节主要讲述线路和变压器功率损耗的计算。

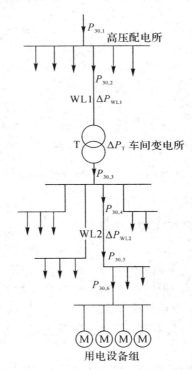

图 2-9　工厂供电系统中各部分的计算负荷和功率损耗（只示出有功部分）

1. 线路功率损耗的计算

线路功率损耗包括有功和无功两大部分。

1）有功功率损耗

有功功率损耗是电流通过线路电阻所产生的，其计算式为

$$\Delta P_{WL} = 3I_{30}^2 R_{WL} \qquad (2-36)$$

式中，I_{30} 为线路的计算电流；R_{WL} 为线路每相的电阻。

电阻 $R_{WL} = R_0 l$，其中 l 为线路长度，R_0 为线路单位长度的电阻值（可查有关手册或产品样本）。附录 1 中附表 1-3 列出了 LJ 型铝绞线的主要技术数据，可查得 LJ 型铝绞线各

种截面的 R_0 值。

2）无功功率损耗

无功功率损耗是电流通过线路电抗所产生的，其计算式为

$$\Delta Q_{WL} = 3I_{30}^2 X_{WL} \tag{2-37}$$

式中，I_{30} 为线路的计算电流；X_{WL} 为线路每相的电抗。

电抗 $X_{WL} = X_0 l$，其中 l 为线路长度，X_0 为线路单位长度的电抗值（可查有关手册或产品样本）。附表 1-3 也列出了 LJ 型铝绞线的 X_0 值。但是查 X_0，不仅要知道导线截面，而且要知道导线之间的几何均距。所谓线间几何均距，就是三相线路各相导线之间距离的几何平均值。如图 2-10(a) 所示的 U、V、W 三相线路，其线间几何均距为

$$a_{av} \stackrel{\text{def}}{=\!=\!=} \sqrt{a_1 a_2 a_3} \tag{2-38}$$

如导线为等边三角形排列（见图 2-10(b)），则 $a_{av} = a$；如导线为水平等距排列（见图 2-10(c)），则 $a_{av} = \sqrt[3]{2} a = 1.26a$。

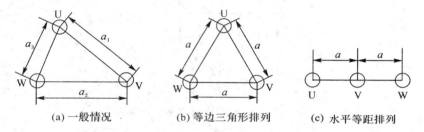

(a) 一般情况　　　　(b) 等边三角形排列　　　(c) 水平等距排列

图 2-10　三相线路的线间距离

2. 变压器功率损耗的计算

变压器功率损耗也包括有功和无功两大部分。

1）变压器的有功功率损耗

变压器的有功功率损耗由以下两部分组成：

(1) 铁芯中的有功功率损耗，即铁损 ΔP_{Fe}。铁损在变压器一次绕组的外施电压和频率不变的条件下，是固定不变的，与负荷无关。铁损可由变压器空载实验测定。变压器的空载损耗 ΔP_0 可认为就是铁损，因为变压器的空载电流 I_0 很小，在一次绕组中产生的有功损耗可略去不计。

(2) 有负荷时一、二次绕组中的有功功率损耗，即铜损 ΔP_{Cu}。铜损与负荷电流（或功率）的平方成正比。铜损可由变压器短路实验测定。变压器的短路损耗 ΔP_k 可认为就是铜损，因为变压器短路时一次侧短路电压 U_k 很小，在铁芯中产生的有功功率损耗可略去不计。

因此，变压器的有功功率损耗为

$$\Delta P_T = \Delta P_{Fe} + \Delta P_{Cu} \left(\frac{S_{30}}{S_N}\right)^2 \approx \Delta P_0 + \Delta P_k \left(\frac{S_{30}}{S_N}\right)^2 \tag{2-39}$$

或

$$\Delta P_T \approx \Delta P_0 + \Delta P_k \beta^2 \tag{2-40}$$

式中，S_N 为变压器的额定容量；S_{30} 为变压器的计算负荷；β 为变压器的负荷率，$\beta \stackrel{\text{def}}{=\!=\!=} S_{30}/S_N$。

2）变压器的无功功率损耗

变压器的无功功率损耗也由两部分组成，分别如下：

（1）用来产生主磁通即产生励磁电流的一部分无功功率，用 ΔQ_0 表示。它只与绕组电压有关，与负荷无关，且与励磁电流（或近似地与空载电流）成正比，即

$$\Delta Q_0 \approx \frac{I_0\%}{100} S_N \tag{2-41}$$

式中，$I_0\%$ 为变压器空载电流占额定电流的百分值。

（2）消耗在变压器一、二次绕组电抗上的无功功率。额定负荷下的这部分无功损耗用 ΔQ_N 表示。由于变压器绕组的电抗远大于电阻，因此 ΔQ_N 近似地与短路电压（即阻抗电压）成正比，即

$$\Delta Q_N \approx \frac{U_k\%}{100} S_N \tag{2-42}$$

式中，$U_k\%$ 为变压器的短路电压占额定电压的百分值。

这部分无功损耗与负荷电流（或功率）的平方成正比。因此，变压器的无功功率损耗为

$$\Delta Q_T = \Delta Q_0 + \Delta Q_N \left(\frac{S_{30}}{S_N}\right)^2 \approx S_N \left[\frac{I_0\%}{100} + \frac{U_k\%}{100}\left(\frac{S_{30}}{S_N}\right)^2\right] \tag{2-43}$$

$$\Delta Q_T \approx S_N \left(\frac{I_0\%}{100} + \frac{U_k\%}{100}\beta^2\right) \tag{2-44}$$

其中，式（2-39）～式（2-44）中的 ΔP_0、ΔP_k、$I_0\%$ 和 $U_k\%$（或 $U_z\%$）等均可从有关手册或产品样本中查得。附表 1-4 列出了 SL7 型低损耗配电变压器的主要技术数据，以供参考。

在负荷计算中，SL7、S7、S9 等型低损耗电力变压器的功率损耗可按下列简化公式近似计算：

$$有功损耗 \quad \Delta P_T \approx 0.015 S_{30} \tag{2-45}$$

$$无功损耗 \quad \Delta Q_T \approx 0.06 S_{30} \tag{2-46}$$

2.2.2　工厂供电系统的电能损耗

工厂供电系统中的线路和变压器由于常年运行，其电能损耗相当可观，这直接关系到供电系统的经济效益问题。作为供电人员，应设法降低供电系统的电能损耗。

1. 线路的电能损耗

线路上全年的电能损耗 ΔW_a，可按下式计算：

$$\Delta W_a = 3 I_{30}^2 R_{WL} \tau \tag{2-47}$$

式中，I_{30} 为通过线路的计算电流；R_{WL} 为线路每相的电阻；τ 为年最大负荷损耗小时。

年最大负荷损耗小时 τ 是一个假想时间，在此时间内，系统元件（含线路）持续通过计算电流（即最大负荷电流）I_{30} 所产生的电能损耗，恰好等于实际负荷电流全年在元件（含线路）上产生的电能损耗。而且，年最大负荷损耗小时 τ 与年最大负荷利用小时 T_{max} 有一定关系。

由式（2-3）和式（2-5）可得

$$P_{max} T_{max} = P_{av} \times 8760$$

在 $\cos\phi = 1$，且线路电压不变时，$P_{max} = P_{30} \propto I_{30}$，$P_{av} \propto I_{av}$，因此

$$I_{30} T_{max} = I_{av} \times 8760$$

故
$$I_{av} = \frac{I_{30} T_{max}}{8760}$$

则全年电能损耗为

$$\Delta W_a = 3I_{av}^2 R \times 8760 = \frac{3I_{30}^2 R T_{max}^2}{8760} \qquad (2-48)$$

由式(2-47)和式(2-48)可得：τ 与 T_{max} 的关系(在 $\cos\phi = 1$ 时)为

$$\tau = \frac{T_{max}^2}{8760} \qquad (2-49)$$

不同 $\cos\phi$ 下的 $\tau - T_{max}$ 关系曲线，如图 2-11 所示。已知 T_{max} 和 $\cos\phi$ 时即可查出 τ。

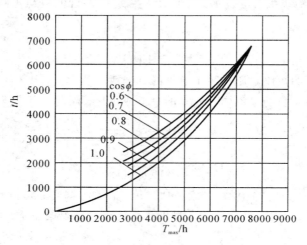

图 2-11 $\tau - T_{max}$ 关系曲线

2. 变压器的电能损耗

变压器的电能损耗包括以下两部分：

(1) 变压器铁损 ΔP_{Fe} 引起的电能损耗。只要外施电压和频率不变，它就是固定不变的，它近似于空载损耗 ΔP_0，因此其全年电能损耗为

$$\Delta W_{a1} = \Delta P_{Fe} \times 8760 \approx \Delta P_0 \times 8760 \qquad (2-50)$$

(2) 变压器铜损 ΔP_{Cu} 引起的电能损耗。它与负荷电流(或功率)的平方成正比，即与变压器负荷率 β 的平方成正比，它近似于短路损耗 ΔP_k，因此其全年电能损耗为

$$\Delta W_{a2} = \Delta P_{Cu}\beta^2\tau \approx \Delta P_k\beta^2\tau \qquad (2-51)$$

由此可得变压器全年的电能损耗为

$$\Delta W_a = \Delta W_{a1} + \Delta W_{a2} \approx \Delta P_0 \times 8760 + \Delta P_k\beta^2\tau \qquad (2-52)$$

式中，τ 为变压器的年最大负荷损耗小时，其曲线亦可由图 2-11 查得。

2.3 工厂的计算负荷和年电能消耗量

2.3.1 工厂计算负荷的确定

工厂计算负荷是选择工厂电源进线一、二次设备(包括导线、电缆)的基本依据，也是计算工厂的功率因数和工厂需电容量的基本依据。确定工厂计算负荷的方法很多，可按具体情况选用。

1. 按逐级计算法确定工厂计算负荷

如图 2-9 所示，工厂的计算负荷（以有功负荷为例）$P_{30,1}$，应该是高压母线上所有高压配电线计算负荷之和，再乘上一个同时系数。高压配电线的计算负荷 $P_{30,2}$，应该是该线所供车间变电所低压侧的计算负荷 $P_{30,3}$，加上变压器的功率损耗 ΔP_T 和高压配电线的功率损耗 ΔP_{WL1}……如此逐级计算。但对一般工厂供电系统来说，线路不是很长，因此在确定计算负荷时往往略去不计。

工厂及变电所低压侧总的计算负荷 P_{30}、Q_{30}、S_{30} 和 I_{30} 的计算公式，分别为式（2-17）～式（2-20），其 $K_{\Sigma p}=0.8\sim0.95$，$K_{\Sigma q}=0.85\sim0.97$。

2. 按需要系数法确定工厂计算负荷

将全厂用电设备的总容量 P_e（不含备用设备容量）乘以一个需要系数 K_d，即得到全厂的有功计算负荷，即

$$P_{30}=K_d P_e \tag{2-53}$$

附表 1-2 列出了部分工厂的需要系数值，以供参考。

全厂的无功计算负荷、视在计算负荷和计算电流按式（2-10）～式（2-12）计算。

3. 按年产量估算工厂计算负荷

将工厂年产量 A 乘上单位产品耗电量 a，就得到工厂全年的需电量，即

$$W_a=Aa \tag{2-54}$$

各类工厂的单位产品耗电量 a 可由有关设计单位根据实测统计资料确定，亦可查有关设计手册。

在求出年需电量 W_a 后，用 W_a 除以工厂的年最大负荷利用小时 $T_{\max}$，就可求出工厂的有功计算负荷。

$$P_{30}=\frac{W_a}{T_{\max}} \tag{2-55}$$

其他计算负荷 Q_{30}、S_{30}、I_{30} 的计算，与上述需要系数法相同。

4. 工厂的功率因数、无功补偿及补偿后的工厂计算负荷

1）工厂的功率因数

（1）瞬时功率因数。瞬时功率因数可由功率因数表（相位表）直接测量，亦可由功率表、电流表和电压表的读数按下式求出（间接测量）：

$$\cos\phi=\frac{P}{\sqrt{3}\,IU} \tag{2-56}$$

式中，P 为功率表测出的三相功率读数（kW）；I 为电流表测出的线电流读数（A）；U 为电压表测出的线电压读数（kV）。

瞬时功率因数只用来了解和分析工厂或设备在生产过程中无功功率的变化情况，以便采取适当的补偿措施。

(2) 平均功率因数。平均功率因数亦称为加权平均功率因数，其计算公式为

$$\cos\phi = \frac{W_p}{\sqrt{W_p^2 + W_q^2}} = \frac{1}{\sqrt{1 + \left(\frac{W_q}{W_p}\right)^2}} \qquad (2-57)$$

式中，W_p 为某一时间内消耗的有功电能，由有功电度表读出；W_q 为某一时间内消耗的无功电能，由无功电度表读出。

我国电业部门每月向工业用户收取电费，规定电费要按月平均功率因数的高低来进行调整。

(3) 最大负荷时的功率因数。最大负荷时的功率因数是指在年最大负荷（即计算负荷）时的功率因数，其计算公式为

$$\cos\phi = \frac{P_{30}}{S_{30}} \qquad (2-58)$$

我国电力工业部于 1996 年制定的《供电营业规则》第四十一条规定："无功电力应就地平衡。用户应在提高用自然功率因数的基础上，按有关标准设计和安装无功补偿设备，并做到随其负荷和电压变动及时投入或切除，防止无功电力倒送。除电网有特殊要求的用户外，用户在当地供电企业规定的电网高峰负荷时的功率因数，应达到下列规定：100 千伏安及以上高压供电的用户，功率因数为 0.90 以上。其他电力用户和大、中型电力排灌站，趸购转售电企业，功率因数为 0.85 以上。农业用电，功率因数为 0.80。"

规则中的功率因数，即为最大负荷时功率因数。

2）无功补偿

工厂中存在着大量的感应电动机、电焊机、电弧炉及气体放电灯等感性负荷，从而使功率因数降低。如在充分发挥设备潜力、改善设备运行性能、提高其自然功率因数的情况下，尚达不到规定的工厂功率因数要求，则需考虑人工补偿。

图 2-12 表示了功率因数的提高与无功功率和视在功率的变化关系。假设功率因数由 $\cos\phi$ 提高到 $\cos\phi'$，这时在负荷需用的有功功率 P_{30} 不变的条件下，无功功率将由 Q_{30} 减小到 Q'_{30}，视在功率将由 S_{30} 减小到 S'_{30}。相应地，负荷电流 I_{30} 也随之减小，这将使系统的电能损耗和电压损耗相应降低，既节约了电能，又提高了电压质量，而且可选较小容量的供电设备和导线电缆。因此提高功率因数对电力系统是大有好处的。

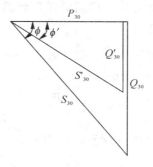

图 2-12　功率因数的提高与无功功率和视在功率的变化

由图 2-12 可知，要使功率因数由 $\cos\phi$ 提高到 $\cos\phi'$，必须装设的无功补偿装置容量为

$$Q_C = Q_{30} - Q'_{30} = P_{30}(\tan\phi - \tan\phi') \tag{2-59}$$

或

$$Q_C = \Delta q_C P_{30} \tag{2-60}$$

式中，$\Delta q_C = \tan\phi - \tan\phi'$，称为无功补偿率，或比补偿容量。无功补偿率表示的是 1 kW 有功功率由 $\cos\phi$ 提高到 $\cos\phi'$ 所需要的无功补偿容量（kvar）值。

附表 1-5 列出了并联电容器的无功补偿率（可利用补偿前后的功率因数直接查出）。

在确定了总的补偿容量后，即可根据所选并联电容器的单个容量 q_C 来确定电容器的个数，即

$$n = \frac{Q_C}{q_C} \tag{2-61}$$

常用的 BW 系列并联电容器的主要技术数据，如附表 1-6 所示。

由式（2-61）计算所得的电容器个数 n，对于单相电容器（电容器全型号后面标"1"者）来说，应取 3 的倍数，以便三相均衡分配。

3）无功补偿后的工厂计算负荷

在工厂（或车间）装设了无功补偿装置以后，若要确定补偿装置装设地点以前的总计算负荷，则应扣除无功补偿的容量，即总的无功计算负荷为

$$Q'_{30} = Q_{30} - Q_C \tag{2-62}$$

补偿后总的视在计算负荷为

$$S'_{30} = \sqrt{P_{30}^2 + (Q_{30} - Q_C)^2} \tag{2-63}$$

可以看出，在变电所低压侧装设了无功补偿装置以后，由于低压侧总的视在计算负荷减小，可使变电所主变压器的容量选得小一些。这不仅降低了变电所的初投资，而且可减少工厂的电费开支。因为我国电业部门对工业用户是实行的"两部电费制"：一部分叫基本电费，是按所装用的主变压器容量来计费的，规定每月按 kV·A 容量要交多少钱，容量越大，交的基本电费就多，容量减小了，交的基本电费就少了。另一部分电费叫电度电费，是按每月实际耗用的电能 kWh 数来计算电费，并且要根据月平均功率因数的高低乘上一个调整系数。凡月平均功率因数高于规定值（一般规定为 0.85）的，可按一定比率减收电费；而低于规定值时，则要按一定比率加收电费。由此可见，提高工厂功率因数不仅对整个电力系统大有好处，而且对工厂本身也是有一定经济实惠的。

例 2-6　某厂压变电所装设一台主变压器。已知变电所低压侧有功计算负荷为 650 kW，无功计算负荷为 800 kvar。为了使工厂（变电所高压侧）的功率因数不低于 0.9，如在变电所低压侧装设并联电容器进行补偿，则需装设多少补偿容量？补偿前后工厂变电所所选主变压器容量有何变化？

解　（1）补偿前的变压器容量和功率因数。

变压器低压侧的视在计算负荷为

$$S_{30(2)} = \sqrt{650^2 + 800^2} \approx 1031 \text{ kV·A}$$

主变压器容量选择条件为 $S_{N,T} \geqslant S_{30(2)}$，因此未进行无功补偿时，主变压器容量应选为 1250 kV·A（见附表 1-5）。

这时变电所低压侧的功率因数为 $\cos\phi_{(2)} = \dfrac{650}{1031} = 0.63$。

（2）无功补偿容量。

按规定，变电所高压侧的 $\cos\phi\geqslant0.9$，考虑到变压器本身的无功功率损耗 ΔQ_T 远大于其有功功率损耗 ΔP_T，一般 $\Delta Q_T=(4\sim5)\Delta P_T$，因此在变压器低压侧进行无功补偿时，低压侧补偿后的功率因数应略高于 0.90，取 $\cos\phi'=0.92$。

低压侧需装设的并联电容器容量为：

$$Q_c=650\times[\tan(\arccos0.63)-\tan(\arccos0.92)]=525\ \text{kvar}$$

取 $Q_c=530\ \text{kvar}$。

（3）补偿后的变压器容量和功率因数。

补偿后变电所低压侧的视在计算负荷为

$$S'_{30(2)}=\sqrt{650^2+(800-530)^2}\approx704\ \text{kV}\cdot\text{A}$$

因此主变压器容量可改选为 800 kV·A，比补偿前容量减少 450 kV·A。

变压器的功率损耗为

$$\Delta P_T\approx0.015S_{30(2)}=0.015\times704\approx10.6\ \text{kW}$$
$$\Delta Q_T\approx0.06S_{30(2)}=0.06\times704\approx42.2\ \text{kvar}$$

变电所高压侧的计算负荷为

$$P'_{30(1)}=650+10.6\approx661\ \text{kW}$$
$$Q'_{30(1)}=(800-530)+42.2\approx312\ \text{kvar}$$
$$S'_{30(1)}=\sqrt{661^2+312^2}\approx731\ \text{kV}\cdot\text{A}$$

补偿后工厂的功率因数为

$$\cos\phi'=\frac{P'_{30(1)}}{S'_{30(1)}}=\frac{661}{731}\approx0.904$$

则该功率因数满足规定要求。

4）补偿前后比较

主变压器容量在补偿后减少：

$$S_{N,T}-S'_{N,T}=1250-800=450\ \text{kV}\cdot\text{A}$$

如以基本电费每月 10 元/(kV·A)计算，则每月工厂可节约基本电费为

$$450\times10=4500\ 元$$

由此例可以看出，采用无功补偿来提高功率因数能使工厂取得可观的经济效果（尚未计算其他方面的经济效果）。

2.3.2 工厂年电能消耗量的计算

工厂年电能消耗量可用工厂的年产量及单位产品耗电量进行估算，见式(2-54)；工厂年电能消耗量的较精确的计算，可用工厂的有功和无功计算负荷 P_{30} 和 Q_{30}，即

$$年有功电能消耗量\quad W_{p,a}=\alpha P_{30}T_a \tag{2-64}$$
$$年无功电能消耗量\quad W_{q,a}=\beta Q_{30}T_a \tag{2-65}$$

式中，α 为年平均有功负荷系数，一般取 0.7～0.75；β 为年平均无功负荷系数，一般取 0.76～0.82；T_a 为年实际工作小时数，一班制可取 2300 h，两班制可取 4600 h，三班制可取 6900 h。

例 2-7 假设例 2-6 所示工厂为两班制生产，试计算其年电能消耗量。

解　按式(2-64)、式(2-65)计算。

取 $\alpha=0.7$，$\beta=0.8$，$T_a=4600$ h，则工厂年有功电能消耗量为

$$W_{p,a}=0.7\times66\times4600\approx2.128\times10^6 \text{ kW·h}$$

工厂年无功电能消耗量为

$$W_{q,a}=0.8\times312\times4600\approx1.148\times10^6 \text{ kvar·h}$$

思　考　题

(1) 试述工厂供配电系统的组成。

(2) 某机修车间分别对热加工机床和联锁的运输机两组负荷供电。其中热加工机床有 5 kW 电动机 6 台、10 kW 电动机 4 台；联锁的运输机有 10 kW 电动机 5 台。试用需要系数法计算各组计算负荷及总的计算负荷。

(3) 某 380 V 线路上接有冷加工机床电动机 20 台，共 50 kW，其中较大容量电动机有 7 kW 电动机 1 台、4.5 kW 电动机 2 台、2.8 kW 电动机 7 台；通风机 2 台，共 5.6 kW。试用二项式法确定此线路上的计算负荷。

第3章 电气主接线

本章介绍电气主接线的基本要求、基本接线形式、特点及其适用范围，并对主变压器的选择、限制短路电流的措施进行分析；介绍互感器和避雷器在主接线中的配置，以便更全面地了解主接线；最后，综合阐述各种类型发电厂和变电所主接线的特点和主接线设计的一般原则、步骤、方法。

3.1 对电气主接线的基本要求

电气主接线是发电厂和变电所电气部分的主体，它反映各设备的作用、连接方式和回路间的相互关系。所以，它的设计直接关系到全厂（所）电气设备的选择、配电装置的布置、继电保护、自动装置和控制方式的确定，对电力系统的安全、经济运行起着决定的作用。

对电气主接线的基本要求，概括地说包括可靠性、灵活性和经济性三个方面。

一、可靠性

对于一般技术系统来说，可靠性是指一个元件、一个系统在规定的时间内及一定条件下完成预定功能的能力。电气主接线属可修复系统，其可靠性用可靠度表示，即主接线无故障工作时间所占的比例。

供电中断不仅给电力系统造成损失，而且给国民经济各部门造成损失，后者往往比前者大几十倍，至于导致人身伤亡、设备损坏、产品报废、城市生活混乱等经济损失和政治影响，更是难以估量。因此，供电可靠性是电力生产和分配的首要要求，电气主接线必须满足这一要求。主接线的可靠性可以定性分析，也可以定量计算。因设备检修或事故被迫中断供电的机会越少、影响范围越小、停电时间越短，表明主接线的可靠性越高。

显然，对发电厂、变电所主接线可靠性的要求程度，与其在电力系统中的地位和作用有关，而地位和作用则是由其容量、电压等级、负荷大小和类别等因素决定的。

目前，我国机组按单机容量大小分类如下：50 MW 以下机组为小型机组；50～200 MW机组为中型机组；200 MW 以上机组为大型机组。电厂按总容量及单机容量大小分类如下：总容量 200 MW 以下，单机容量 50 MW 以下为小型发电厂；总容量 200～1000 MW，单机容量 50～200 MW 为中型发电厂；总容量 1000 MW 及以上，单机容量200 MW以上为大型发电厂。

1. 主接线可靠性的具体要求

（1）断路器检修时，不宜影响对系统的供电。

（2）断路器或母线故障，以及母线或母线隔离开关检修时，应尽量减少停运出线的回路数和停运时间，并保证对一、二级负荷的供电。

（3）尽量避免发电厂或变电所全部停运的可能性。

（4）对装有大型机组的发电厂及超高压变电所，应满足可靠性的特殊要求。

2．单机容量为 300 MW 及以上的发电厂主接线可靠性的特殊要求

（1）任何断路器检修时，不影响对系统的连续供电。

（2）任何断路器故障或拒动，以及母线故障，不应切除一台以上机组和相应的线路。

（3）任一台断路器检修和另一台断路器故障或拒动相重合，以及母线分段或母联断路器故障或拒动时，一般不应切除两台以上机组和相应的线路。

3．330 kV、500 kV 变电所主接线可靠性的特殊要求

（1）任何断路器检修时，不影响对系统的连续供电。

（2）除母线分段及母联断路器外，任一台断路器检修和另一台断路器故障或拒动相重合时，不应切除三回以上线路。

二、灵活性

（1）调度灵活，操作方便。应能灵活地投入或切除机组、变压器或线路，灵活地调配电源和负荷，满足系统在正常、事故、检修及特殊运行方式下的要求。

（2）检修安全。应能方便地停运线路、断路器、母线及其继电保护设备，进行安全检修而不影响系统的正常运行及用户的供电要求。需要注意的是过于简单的接线，可能满足不了运行方式的要求，给运行带来不便，甚至增加不必要的停电次数和时间；而过于复杂的接线，不仅会增加投资，而且会增加操作步骤，给操作带来不便，并增加误操作的几率。

（3）扩建方便。随着电力事业的发展，往往需要对已投运的发电厂（尤其是火电厂）和变电所进行扩建，从发电机、变压器直至馈线数均有扩建的可能。所以，在设计主接线时，应留有余地，应能容易地从初期过渡到最终接线，使在扩建时一、二次设备所需的改造最少。

三、经济性

可靠性和灵活性是主接线设计在技术方面的要求，它与经济性之间往往存在矛盾，即欲使主接线可靠、灵活，将可能导致投资增加。所以，两者必须综合考虑，在满足技术要求的前提下，做到经济合理。

（1）投资省。主接线应简单清晰，以节省断路器、隔离开关等一次设备投资；应适当限制短路电流，以便选择轻型电器设备；对 110 kV 及以下的终端或分支变电所，应推广采用直降式[110/(6～10) kV]变电所和质量可靠的简易电器（如熔断器）代替高压断路器的方式；应使控制、保护方式不过于复杂，以利于运行并节省二次设备和电缆的投资。

（2）年运行费小。年运行费包括电能损耗费、折旧费及大修费、日常小修维护费。其中电能损耗主要由变压器引起，因此，要合理地选择主变压器的型式、容量、台数，尽量避免两次变压而增加电能损耗；后两项（大修费、日常小修维护费）取决于工程综合投资。

（3）占地面积小。主接线的设计要为配电装置的布置创造条件，以便节约用地和节省构架、导线、绝缘子及安装费用。在运输条件许可的地方都应采用三相变压器（较三台单相组式变压器占地少、经济性好）。

（4）在可能的情况下，应采取一次设计，分期投资、投产，尽快发挥经济效益。

3.2 电气主接线的基本形式

3.2.1 有汇流母线的主接线

主接线的基本形式可分为有汇流母线和无汇流母线两大类，它们又各分为多种不同的接线形式。

有汇流母线的接线形式的基本环节是电源、母线和出线（馈线）。母线是中间环节，其作用是汇集和分配电能，使接线简单清晰，运行、检修灵活方便，进出线可有任意数目，利于安装和扩建，因此适用于进出线较多（一般超过 4 回时）并且有扩建和发展可能的发电厂和变电所。但是，有母线的接线形式使用的开关电器较多，配电装置占地面积较大，投资较大，母线故障或检修时影响范围较大。

一、单母线接线

只有一组（可以有多段）工作母线的接线称为单母线接线。这种接线的每回进出线都只经过一台断路器并固定接于母线的某一段上。

1. 不分段的单母线接线

不分段的单母线接线如图 3-1 所示。

1) 说明

以下几点基本上是各种主接线形式所共有的。

（1）供电电源在发电厂是发电机或变压器，在变电所是变压器或高压进线。

（2）任一出线都可以从任一电源获得电能，各出线在母线上的布置应尽可能使负荷均衡分配于母线上，以减小母线中的功率传输。

（3）每回进出线都装有断路器和隔离开关。由于隔离开关的作用之一是在设备检修时隔离电压，所以，当馈线的用户侧没有电源，且线路较短时，可不设线路隔离开关，但如果线路较长，为防止雷电产生的过电压或用户侧加接临时电源，危及设备或检修人员的安全，也可装设隔离开关；当电源是发电机时，发电机与其出口断路器之间不必设隔离开关（因为断路器的检修必然是在停机状态下进行）；双绕组变压器与其两侧的断路器之间不必设隔离开关（理由类似）。

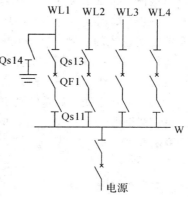

图 3-1 不分段的单母线接线

（4）断路器有灭弧装置，而隔离开关没有，所以，停送电操作必须严格遵守操作顺序，即隔离开关必须在断路器断开的情况下或等电位情况下（有旁路连接隔离开关的两个触头）才能进行操作。例如，图 3-1 中出线 WL1 检修后恢复送电的操作顺序为：拉开 QS14→检查 QF1 确在断开状态→合上 QS11→合上 QS13→合上 QF1。停电操作顺序相反：断开 QF1→检查 QF1 确在断开状态→断开 QS13→断开 QS11。

为防止误操作，除严格执行操作规程外，可在隔离开关和相应的断路器之间加装有电磁闭锁或机械闭锁装置。

（5）接地开关（或称接地刀闸，图 3-1 中 QS14）的作用是在检修时取代安全接地线。当电压为 110 kV 及以上时，断路器两侧隔离开关（高型布置时）或出线隔离开关（中型布置时)应配置接地开关；35 kV 及以上母线，每段母线上亦应配置 1~2 组接地开关。

2）优点

不分段单母线接线的优点是简单清晰，设备少，投资小，运行操作方便，有利于扩建和采用成套配电装置。

3）缺点

不分段单母线接线的缺点是可靠性、灵活性差，具体表现如下：

(1) 任一回路的断路器检修，该回路停电。

(2) 母线或任一母线隔离开关检修，全部停电。

(3) 母线故障，全部停电(全部电源由母线或主变压器继电保护动作跳闸)。

4）适用范围

不分段单母线接线一般只适用于 6~220 kV 系统中只有一台发电机或一台主变压器的以下三种情况：

(1) 6~10 kV 配电装置，出线回路数不超过 5 回。

(2) 35~63 kV 配电装置，出线回路数不超过 3 回。

(3) 110~220 kV 配电装置，出线回路数不超过 2 回。

当采用成套配电装置时，由于它的工作可靠性较高，可用于重要用户(如厂、所用电)。

2. 分段的单母线接线

分段的单母线接线如图 3-2 所示。即用分段断路器 QFd(或分段隔离开关 QSd)将单母线分成几段。

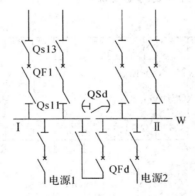

图 3-2　分段的单母线接线

1）优点

分段的单母线接线与不分段的相比较，提高了可靠性和灵活性，具体表现如下：

(1) 两母线段可并列运行(分断断路器接通)，也可分裂运行(分断断路器断开)。

(2) 重要用户可以用双回路接于不同母线段，保证不间断供电。

(3) 任一段母线或母线隔离开关检修，只停该段，其他段可继续供电，减小了停电范围。

(4) 对于用分段断路器 QFd 分段的单母线接线，如果 QFd 在正常运行时接通，当某段母线故障时，继电保护使 QFd 及故障段电源的断路器自动断开，只停该段；如果 QFd 在正常运行时断开，当某段电源回路故障而使其断路器断开时，备用电源自动投入装置使 QFd 自动接通，可保证全部出线继续供电。

（5）对于用分段隔离开关 QSd 分段的单母线接线，当某段母线故障时，全部短时停电，拉开 QSd 后，完好段可恢复供电。

2）缺点

分段的单母线接线增加了分段设备的投资和占地面积；某段母线故障或检修时，仍有停电问题；某回路的断路器检修，该回路停电；扩建时，需向两端均衡扩建。

3）适用范围

（1）6～10 kV 配电装置，出线回路数为 6 回及以上时；发电机电压配电装置，每段母线上的发电机容量为 12 MW 及以下时。

（2）35～63 kV 配电装置，出线回路数为 4～8 回时。

（3）110～220 kV 配电装置，出线回路数为 3～4 回时。

多数情形中，分段数与电源数相同。

3. 单母线带旁路母线接线

1）有专用旁路断路器的分段单母线带旁路母线接线

不分段及分段单母线均有带旁路母线的接线方式。有专用旁路断路器的分段单母线带旁路接线如图 3 - 3 所示，它是在分段单母线的基础上增设旁路母线 W5 和旁路断路器 QF1p、QF2p，每一出线都经过各自的旁路隔离开关（如 QS15）接到旁路母线 W5 上。电源回路也可接入旁路，如图中虚线所示。进、出线均接入旁路的方式称为全旁方式。

旁路母线和旁路断路器的作用是：在检修任一接入旁路的进、出线的断路器时，使该回路不停电。这也是各种带旁路接线的主要优点。

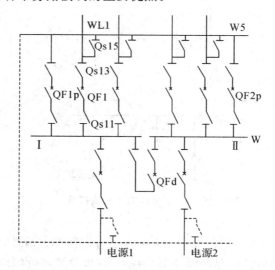

图 3 - 3　有专用旁路断路器的分段单母线带旁路母线接线

设正常运行时，QF1p、QF2p 断开，其两侧隔离开关合上，各回路的旁路隔离开关断开，W5 不带电，则检修 WL1 的断路器 QF1 的操作步骤为：合 QF1p，检查 W5 是否完好（若有故障 QF1p 会自动断开）→ 合 QS15（QS15 的两侧等电位）→ 断开 QF1 → 断开 QS13、QS11。

这样，线路 WL1 即经 QS15、QF1p 及其两侧隔离开关接于母线 W 的 Ⅰ 段上，不中断供电，QF1 退出工作，可进行检修，从而提高了供电的可靠性和灵活性。这种仅起到代替进、出线断路器作用的旁路断路器（QF1p、QF2p），称为专用旁路断路器。设置旁路的最明显缺点是增加了很多旁路设备，增加了投资和占地面积，接线较复杂。

2）分段断路器兼作旁路断路器的接线

分段断路器兼作旁路断路器的接线如图 3-4 所示，它是在分段单母线的基础上，增设了旁路母线 W5、隔离开关 QS3、QS4、QSd 及各出线的旁路隔离开关。W5 可以通过 QS4、QFd、QS1 接到工作母线Ⅰ段，也可以通过 QS3、QFd、QS2 接到工作母线Ⅱ段。一般正常运行方式是分段单母线方式，即 QFd、QS1、QS2 在闭合状态，QS3、QF4、QSd 及各出线旁路隔离开关均断开，W5 不带电，这时，QFd 起分段断路器作用。在检修线路断路器时，QFd 起旁路断路器作用。

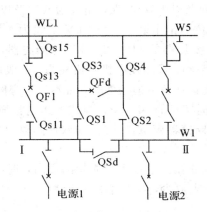

图 3-4　分段断路器兼作旁路断路器的接线

例如，检修 WL1 的断路器 QF1 的操作步骤为：合 QSd→断开 QFd→断开 QS2→合 QS4→合 QFd，检查 W5 是否完好→合 QS15→断开 QF1 及其两侧隔离开关。

这样，线路 WL1 经 QS15、QS4、QFd、QS1 接于Ⅰ段母线上，不中断供电，QF1 退出工作，可进行检修。设 QSd 的目的是使上述操作过程中或 QFd 检修时，保持Ⅰ、Ⅱ段并列运行。

分段兼旁路断路器的其他接线如图 3-5 所示。其中，图 3-5(a)为不装母线分段隔离开关，在用分段代替出线断路器时，两分段分裂运行；图 3-5(b)因正常运行时 QFd 作分段断路器，故只能从Ⅰ段供电，两分段分裂运行；图 3-5(c)类似图 3-5(b)，但在用分段代替出线断路器时，都可由线路原来所在段供电，两分段分裂运行。

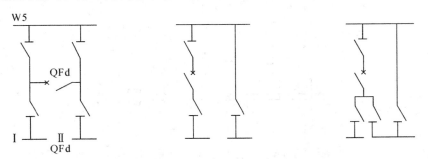

(a) 不装母线分段隔离开关　　(b) 正常运行时旁路母线带电(1)　　(c) 正常运行时旁路母线带电(2)

图 3-5　分段兼旁路断路器的其他接线

3）分段单母线设置旁路母线的原则

（1）6～10 kV 配电装置，一般不设旁路母线。当地区电力网或用户不允许停电检修断路器时，可设置旁路母线。

（2）35～63 kV 配电装置，一般也不设旁路母线。当线路断路器不允许停电检修时，可采用分段兼旁路断路器接线。

（3）110～220 kV 配电装置，线路输送距离较远，输送功率较大，一旦停电，影响范围大，且其断路器的检修时间长；出线回路数越多，则断路器的检修机会越多，停电损失越大。因此，一般需设置旁路母线。首先采用分段兼旁路断路器的接线。但在下列情况下需装设专用旁路断路器：

① 当 110 kV 出线为 7 回及以上，220 kV 出线为 5 回及以上时；

② 对在系统中居重要地位的配电装置，110 kV 出线为 6 回及以上，220 kV 出线为 4 回及以上时。另外，变电所主变压器的 110～220 kV 侧断路器，宜接入旁路母线；发电厂主变压器的 110～220 kV 侧断路器，可随发电机停机检修，一般可不接入旁路母线。

（4）110～220 kV 配电装置具备下列条件时，可不设置旁路母线：

① 采用可靠性高、检修周期长的 SF6 断路器或可迅速替换的手车式断路器时；

② 系统有条件允许线路断路器停电检修时（如双回路供电或负荷点可由系统的其他电源供电等）。

应指出的是，随着高压断路器制造技术和质量的提高，近年来旁路母线（包括后述各种带旁路母线的形式）的应用愈来愈少，有些单机容量为 600 MW 的发电厂也只采用一般双母线，不设旁路母线。

二、双母线接线

有两组工作母线的接线称为双母线接线。每个回路都经过一台断路器和两台母线隔离开关分别与两组母线连接，其中一台隔离开关闭合，另一台隔离开关断开；两母线之间通过母线联络断路器（简称母联断路器）连接。有两组母线后，使运行的可靠性和灵活性大为提高。

1. 一般双母线接线

一般双母线接线如图 3-6 所示。一般在正常运行时，母联断路器 QFc 及其两侧隔离开关合上，母线 W1、W2 并列工作，线路、电源均分在两组母线上，以固定连接方式运行，例如 WL1、WL3、电源 1 接于 W1，WL2、WL4、电源 2 接于 W2。

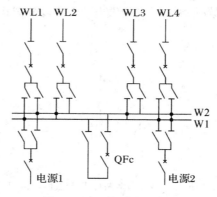

图 3-6 一般双母线接线

1）优点

（1）供电可靠。供电可靠表现在：

① 检修任一母线时，可以利用母联把该母线上的全部回路倒换到另一组母线上，不会中断供电。这是在进、出线带负荷情况下的倒换操作，俗称"热倒"，对各回路的母线隔离开关是"先合后拉"的。

② 检修任一回路的母线隔离开关时，只需停该回路及与该隔离开关相连的母线。

③ 任一母线故障时，可将所有连于该母线上的线路和电源倒换到正常母线上，使装置迅速恢复工作。这是在故障母线进、出线没有负荷情况下的倒换操作，俗称"冷倒"，对各回路的母线隔离开关是"先拉后合"，否则故障会转移到正常母线上。

（2）运行方式灵活。可以采用：

① 两组母线并列运行方式（相当于单母分段运行）。

② 两组母线分裂运行方式（母联断路器 QFc 断开）。

③ 一组母线工作，另一组母线备用的运行方式（相当于单母线运行）。

多采用第①种方式，因母线故障时可缩小停电范围，且两组母线的负荷可以调配。母联断路器的作用是：当采用第①种运行方式时，用于联络两组母线，使两组母线并列运行；在第①、②种运行方式倒母线操作时使母线隔离开关两侧等电位；当采用第③种运行方式时，用于在倒母线操作时检查备用母线是否完好。

（3）扩建方便，可向母线的任一端扩建。

（4）可以完成一些特殊功能。例如，必要时，可利用母联断路器与系统并列或解列；当某个回路需要独立工作或进行试验时，可将该回路单独接到一组母线上进行；当线路需要利用短路方式融冰时，亦可腾出一组母线作为融冰母线，不致影响其他回路；当任一断路器有故障而拒绝动作（如触头焊住、机构失灵等）或不允许操作（如严重漏油）时，可将该回路单独接于一组母线上，然后用母联断路器代替其断开电路。

2）缺点

（1）在母线检修或故障时，隔离开关作为倒换操作电器，操作复杂，容易发生误操作。

（2）当一组母线故障时仍短时停电，影响范围较大。

（3）检修任一回路的断路器，该回路仍停电。

（4）双母线存在全停的可能，如母联断路器故障（短路）或一组母线检修而另一组母线故障（或出线故障而其断路器拒动）。

（5）所用设备多（特别是隔离开关），配电装置复杂。

3）适用范围

当母线上的出线回路数或电源数较多、输送和穿越功率较大、母线或母线设备检修时不允许对用户停电、母线故障时要求迅速恢复供电、系统运行调度对接线的灵活性有一定要求时，一般采用双母线接线，具体范围如下：

（1）6～10 kV 配电装置，当短路电流较大、出线需带电抗器时。

（2）35～63 kV 配电装置，当出线回路数超过 8 回或连接的电源较多、负荷较大时。

（3）110～220 kV 配电装置，当出线回路数为 5 回及以上或该配电装置在系统中居重要地位、出线回路数为 4 回及以上时。

2. 一般双母线带旁路接线

1) 具有专用旁路断路器的双母线带旁路接线

具有专用旁路断路器的双母线带旁路接线如图 3-7 所示,它是在一般双母线的基础上增设旁路母线 W5 和旁路断路器 QFp。每一出线都经过各自的旁路隔离开关接到旁路母线上(电源回路也可接入旁路)。这种接线,运行操作方便,不影响双母线的运行方式,但多用一组旁路母线、一台旁路断路器和多台旁路隔离开关,增加投资和占地面积,且旁路断路器的继电保护整定较复杂。

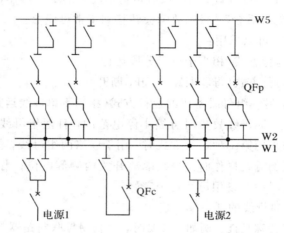

图 3-7　具有专用旁路断路器的双母线带旁路接线

检修线路断路器的操作步骤,与前述具有专用旁路断路器的单母线分段带旁路类似。

2) 以母联断路器兼作旁路断路器的接线

为了节省专用旁路断路器,节省投资和占地面积,对可靠性和灵活性要求不太高的配电装置或工程建设的初期,常以母联断路器兼作旁路断路器,其接线如图 3-8 所示。

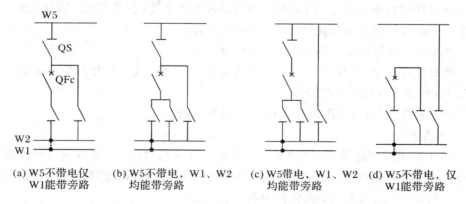

(a) W5不带电仅　　(b) W5不带电,W1、W2　　(c) W5带电,W1、W2　　(d) W5不带电,仅
　W1能带旁路　　　　均能带旁路　　　　　　均能带旁路　　　　　W1能带旁路

图 3-8　母联断路器兼作旁路断路器的接线

正常运行时,QFc 起母联作用,在检修某回路的断路器时,代替该断路器,起旁路断路器作用。其中图 3-8(a)为正常运行时,QS 断开,W5 不带电,因 QFc 接于 W1,故只有W1 能带旁路;图 3-8(b)为正常运行时,QS 断开,W5 也不带电,W1、W2 均能带旁路;

图 3-8(c)为正常运行时，W5 带电，W1、W2 均能带旁路；图 3-8(d)为正常运行时，QS 断开，W5 不带电，只有 W1 能带旁路。该接线虽然节省了断路器，但代替过程中的操作较多，不够灵活；断路器既作母联又作旁路断路器，增加了继电保护的复杂性；当该断路器检修时，将同时失去母联和旁路作用。

3）一般双母线设置旁路母线的原则

（1）6～63 kV 配电装置，一般不设置旁路母线。

（2）110～220 kV 配电装置，设置旁路母线的原则与分段单母线相同。

（3）110～220 kV 配电装置在下列情况下，可以采用简易的旁路隔离开关代替旁路母线：

① 配电装置为屋内型，需节约建筑面积、降低土建造价时。

② 最终出线回路数较少，而线路又不允许停电检修断路器时。

双母线带旁路隔离开关接线如图 3-9 所示。当 QF1 需检修时，把所有电源和线路都倒换到母线 W1 上，母线 W2 临时作为旁路母线，母联则作为旁路断路器，经母联、W2 及旁路隔离开关 QSp 向该线路供电。

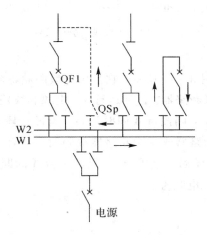

图 3-9 双母线带旁路隔离开关接线

3. 分段的双母线接线

分段的双母线接线是用断路器将其中一组母线分段，或将两组母线都分段。

1）双母线三分段接线

双母线三分段的接线如图 3-10 所示，它是用分段断路器 QFd 将一般双母线中的一组母线分为两段（有时在分段处加装电抗器）。该接线有两种运行方式。

（1）上面一组母线作为备用母线，下面两段分别经一台母联断路器与备用母线相连。正常运行时，电源、线路分别接于两分段上，分段断路器 QFd 合上，两台母联断路器均断开，相当于分段单母线运行。这种方式又称工作母线分段的双母线接线，具有分段单母线和一般双母线的特点，而且有更高的可靠性和灵活性，例如，当工作母线的任一段检修或故障时，可以把该段全部回路倒换到备用母线上，仍可通过母联断路器维持两部分并列运行，这时，如果再发生母线故障也只影响一半左右的电源和负荷。用于发电机电压配电装置时，分段断路器两侧一般还各增加一组母线隔离开关接到备用母线上，当机组数较多时，工作母线的分段数可能超过两段。

（2）上面一组母线也作为一个工作段，电源和负荷均分在三个分段上运行，母联断路器和分段断路器均合上，这种方式在一段母线故障时，停电范围约为1/3。

双母线三分段接线的断路器及配电装置投资较大，适用于进出线回路数较多的配电装置。

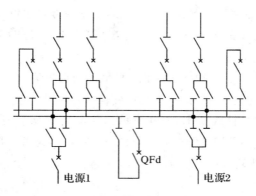

图 3-10　双母线三分段接线

2）双母线四分段接线

双母线四分段的接线如图3-11所示，它是用分段断路器将一般双母线中的两组母线各分为两段，并设置两台母联断路器。正常运行时，电源和线路大致均分在四段母线上，母联断路器和分段断路器均合上，四段母线同时运行。当任一段母线故障时，只有1/4的电源和负荷停电；当任一母联断路器或分段断路器故障时，只有1/2左右的电源和负荷停电（分段单母线及一般双母线接线都会全停电）。但这种接线的断路器及配电装置投资更大，适用于进出线回路数甚多的配电装置。

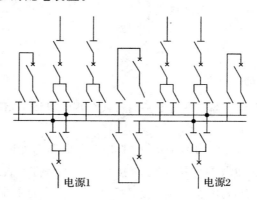

图 3-11　双母线四分段接线

3）双母线分段带旁路接线

双母线三分段或四分段均有带旁路的接线方式。双母线四分段带旁路接线如图3-12所示，其中装设了两台母联兼旁路断路器，即图3-8(a)、(b)所示的接线。

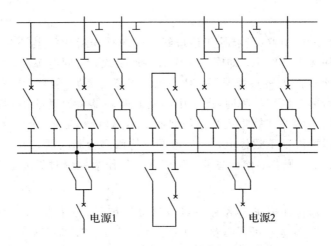

图 3 - 12 双母线四分段带旁路接线

4）双母线分段接线的适用范围

（1）发电机电压配电装置，每段母线上的发电机容量或负荷为 25 MW 及以上时。

（2）220 kV 配电装置，当进出线回路数为 10～14 回时，采用双母线三分段带旁路接线；当进出线回路数为 15 回及以上时，采用双母线四分段带旁路接线。两种情况均装设两台母联兼旁路断路器。

（3）330～500 kV 配电装置，当进出线回路数为 6～7 回时，采用双母线三分段带旁路接线，装设两台母联兼旁路断路器；当进出线回路数为 8 回及以上时，采用双母线四分段带旁路接线，装设两台母联兼旁路断路器，并预留一台专用旁路断路器的位置。对出线回路数较少的 330 kV 配电装置，可采用带旁路隔离开关的接线。

三、一台半断路器接线

一台半断路器接线又称 3/2 接线，如图 3 - 13 所示，即每 2 条回路共用 3 台断路器（每条回路一台半断路器），每串的中间一台断路器为联络断路器。正常运行时，两组母线和全部断路器都投入工作，形成多环状供电，因此，具有很高的可靠性和灵活性。

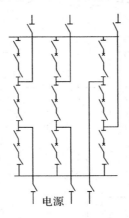

图 3 - 13 一台半断路器接线

1. 优点

(1) 任一母线故障或检修(所有接于该母线上的断路器断开),均不致停电。

(2) 当同名元件接于不同串,即同一串中有一回出线、一回电源时,在两组母线同时故障或一组检修另一组故障的极端情况下,功率仍能经联络断路器继续输送。

(3) 除了联络断路器内部故障时(同串中的两侧断路器将自动跳闸)与其相连的两回路短时停电外,联络断路器外部故障或其他任何断路器故障最多停一个回路。

(4) 任一断路器检修都不致停电,而且可同时检修多台断路器。

(5) 运行调度灵活,操作、检修方便,隔离开关仅作为检修时隔离电器。

2. 缺点

(1) 一台半断路器接线要求电源和出线数目最好相同;为提高可靠性,要求同名回路接在不同串上;对特别重要的同名回路,要考虑"交替布置",即同名回路分别接入不同母线,以提高运行的可靠性。而由于配电装置结构的特点,要求每对回路中的变压器和出线向不同方向引出,这将增加配电装置的间隔,限制一台半断路器接线的应用。

(2) 与双母线带旁路比较,一台半断路器接线所用断路器、电流互感器多,投资大。

(3) 正常操作时,联络断路器动作次数是其两侧断路器的 2 倍;一个回路故障时要跳两台断路器,断路器动作频繁,检修次数增多。

(4) 二次控制接线和继电保护都较复杂。

3. 适用范围

一台半断路器接线用于大型电厂和变电所 220 kV 及以上、进出线回路数 6 回及以上的高压、超高压配电装置中。

四、4/3 台断路器接线

4/3 台断路器接线如图 3-14 所示,即每 3 条回路共用 4 台断路器。正常运行时,两组母线和全部断路器都投入工作,形成多环状供电,因此,也具有很高的可靠性和灵活性。与一台半断路器接线相比,投资较省,但可靠性有所降低,布置比较复杂,且要求同串的 3 个回路中,电源和负荷容量相匹配。目前仅加拿大的皮斯河叔姆水电厂采用,其他很少采用。

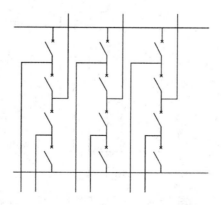

图 3-14　4/3 台断路器接线

五、变压器-母线组接线

变压器-母线组接线如图 3-15 所示，其出线回路采用双断路器接线或一台半断路器接线，而主变压器直接经隔离开关接到母线上。正常运行时，两组母线和所有断路器均投入。这种接线调度灵活，检修任一断路器均不停电，电源和负荷可自由调配，安全可靠，且有利于扩建；一组母线故障或检修时，只减少输送功率，不会停电。可靠性较双母线带旁路高，但主变压器故障即相当于母线故障。

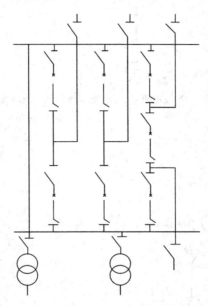

图 3-15　变压器-母线组接线

变压器-母线组接线应用于超高压系统中，适用于有长距离大容量输电线路、要求线路有高度可靠性的配电装置，进出线为 5～8 回，并要求主变压器的质量可靠、故障率甚低。当出线数为 3～4 回时，线路采用双断路器接线方式。

3.2.2　无汇流母线的主接线

无汇流母线的主接线没有母线这一中间环节，使用的开关电器少，配电装置占地面积小，投资较少，没有母线故障和检修问题，但其中部分接线形式只适用于进出线少并且没有扩建和发展可能的发电厂和变电所。

一、单元接线

发电机和主变压器直接连成一个单元，再经断路器接至高压系统，发电机出口处除厂用分支外不再装设母线，这种接线形式称为发电机-变压器单元接线，如图 3-16 所示。

1. 发电机-双绕组变压器单元接线

发电机-双绕组变压器单元接线如图 3-16(a)所示。其中，变压器可以是一台三相双绕组变压器或三台单相双绕组变压器。

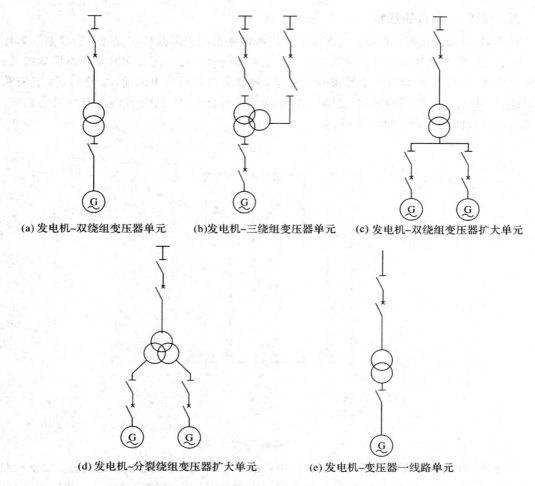

(a) 发电机-双绕组变压器单元　　(b)发电机-三绕组变压器单元　　(c) 发电机-双绕组变压器扩大单元

(d) 发电机-分裂绕组变压器扩大单元　　(e) 发电机-变压器一线路单元

图 3 - 16　单元接线

发电机和变压器容量配套，两者不可能单独运行，所以，发电机出口一般不装断路器，只在变压器的高压侧装断路器，断路器与变压器之间不必装隔离开关。但为了便于发电机单独试验及在发电机停止工作时由系统供给厂用电，发电机出口可装设一组隔离开关。对200 MW 及以上机组，若采用封闭母线可不装隔离开关(封闭母线可靠性很高，而大电流隔离开关发热问题较突出)，但应装有可拆的连接片。发电机出口也有装断路器的，其主要目的是在机组启动时可从主变压器低压侧获得厂用电，在机组解、并列时减少主变压器高压侧断路器的操作次数。

发电机-双绕组变压器单元接线，常被大、中、小型机组采用，特别是在大型机组中被广泛采用。

2. 发电机-三绕组变压器(或自耦变压器)单元接线

发电机-三绕组变压器(或自耦变压器)单元接线如图 3 - 16(b)所示。考虑到在电厂启动时获得厂用电，以及在发电机停止工作时仍能保持高、中压侧电网之间的联系，在发电机出口处需装设断路器；为了在检修高、中压侧断路器时隔离带电部分，其断路器两侧均应装设隔离开关。

当机组容量为 200 MW 及以上时,可能选择不到合适的断路器(可能现有的断路器不能承受那么大的发电机额定电流,也不能切断发电机出口短路电流),且采用封闭母线后安装工艺也较复杂;同时,由于制造上的原因,三绕组变压器的中压侧不留分接头,只作死抽头,不利于高、中压侧的调压和负荷分配。所以,大容量机组一般不宜采用。

3. 发电机-变压器扩大单元接线

发电机-变压器扩大单元接线如图 3－16(c)及图 3－16(d)所示。为了减少变压器和断路器的台数,以及节省配电装置的占地面积,或者由于大型变压器暂时没有相应容量的发电机配套(例如,由于制造或运输方面的原因),或单机容量偏小,而发电厂与系统的连接电压又较高,考虑到用一般的单元接线在经济上不合算,可以将两台发电机并联后再接至一台双绕组变压器,或两台发电机分别接至有分裂低压绕组的变压器的两个低压侧,这两种接线都称为扩大单元接线。

4. 发电机-变压器-线路组单元接线

发电机-变压器-线路组单元接线如图 3－16(e)所示。这种接线最简单,设备最少,不需要高压配电装置。它可用于场地狭窄、附近有枢纽变电所的大型发电厂(可以有多组单元),其电能直接输送到附近的枢纽变电所。

当变电所只有一台主变压器(双绕组或三绕组)和一回线路时,可采用发电机-变压器-线路单元接线。

5. 单元接线的特点和应用

(1) 单元接线的特点。单元接线的优点是:

① 接线简单,开关设备少,操作简便。

② 故障可能性小,可靠性高。

③ 由于没有发电机电压母线,无多台机并列,发电机出口短路电流有所减小,特别是图 3－16(d)所示接线方式可限制低压侧短路电流。

④ 配电装置结构简单,占地少,投资省。

单元接线的主要缺点是单元中任一元件故障或检修都会影响整个单元的工作。

(2) 单元接线的应用。单元接线一般用于下述情况:

① 发电机额定电压超过 10 kV(单机容量在 125 MW 及以上)。

② 虽然发电机额定电压不超过 10 kV,但发电厂无地区负荷。

③ 原接于发电机电压母线的发电机已能满足该电压级地区负荷的需要。

④ 原接于发电机电压母线的发电机总容量已经较大(6 kV 配电装置不能超过 120 MW,10 kV 配电装置不能超过 240 MW)。

二、桥形接线

桥形接线如图 3－17 所示。当只有两台主变压器和两回输电线路时,采用桥形接线,所用断路器数量最少(4 个回路使用 3 台)。WL1、T1 和 WL2、T2 之间通过断路器 QF3 实现横的联系。QF3 称为桥连断路器。

1. 内桥接线

桥连断路器 QF3 在 QF1、QF2 的变压器侧,称内桥接线,如图 3－17(a)所示。

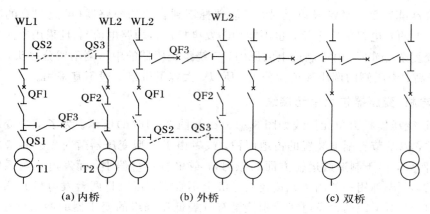

图 3-17 桥形接线

1）特点

（1）其中一回线路检修或故障时，其余部分不受影响，操作较简单。例如，当 WL1 检修时，只需将 QF1 及其两侧隔离开关断开，T1、T2、WL2 不受影响；当 WL1 故障时，QF1 自动断开。

（2）变压器切除、投入或故障时，有一回路短时停运，操作较复杂。例如，当 T1 切除时，要断开 QF1、QF3、QS1，然后重新合上 QF1、QF3；当 T1 故障时，QF1、QF3 自动断开，这时也要先断开 QS1，然后合上 QF1、QF3 恢复供电。两种情况 WL1 均短时停运。

（3）线路侧断路器检修时，线路需较长时间停运。另外，穿越功率（由 WL1 经 QF1、QF3、QF2 送到 WL2 或反方向传送功率）经过的断路器较多，使断路器故障和检修几率大，从而系统开环的几率大。为避免此缺点，可增设正常断开的跨条，如图 3-17(a)中的 QS2、QS3。设两组隔离开关的目的是为了检修其中一组时，用另一组隔离电压。

2）适用范围

内桥接线适用于输电线路较长（则检修和故障几率大）或变压器不需经常投、切及穿越功率不大的小容量配电装置中。

2. 外桥接线

桥连断路器 QF3 在 QF1、QF2 的线路侧，称为外桥接线，如图 3-17(b)所示，其特点及适用范围正好与内桥相反。

1）特点

（1）其中一回线路检修或故障时，有一台变压器短时停运，操作较复杂。

（2）变压器切除、投入或故障时，不影响其余部分的联系，操作较简单。

（3）穿越功率只经过的断路器 QF3，所造成的断路器故障、检修及系统开环的几率小。

（4）变压器侧断路器检修时，变压器需较长时间停运。桥连断路器检修时也会造成开环。可增设 QS2、QS3 解决（同时在 QF1、QF2 的变压器侧各增设一组隔离开关）。

2）适用范围

外桥接线适用于输电线路较短或变压器需经常投、切及穿越功率较大的小容量配电装置中。

3. 双桥形接线

当有三台变压器和三回线路时，可采用双桥形（或称扩大桥）接线，如图 3 - 17(c)所示。

4. 桥形接线的发展

桥形接线很容易发展为分段单母线或双母线接线。桥形接线发展为双母线接线如图 3 - 18 所示。

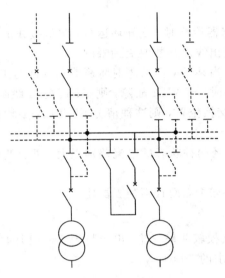

图 3 - 18　桥形发展为双母线

由于桥形接线使用的断路器少、布置简单、造价低，容易发展为分段单母线或双母线，在 35～220 kV 小容量发电厂、变电所配电装置中广泛应用，但可靠性不高。当有发展、扩建要求时，应在布置时预留设备位置。

三、角形接线

角形接线如图 3 - 19 所示，它将断路器布置闭合成环，并在相邻两台断路器之间引接一条回路（不再装断路器）的接线。其角数等于进、出线回路总数，等于断路器台数。

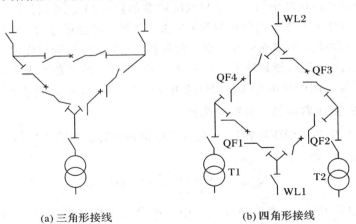

(a) 三角形接线　　　　　　　　(b) 四角形接线

图 3 - 19　角形接线

1. 优点

（1）闭环运行时，有较高的可靠性和灵活性。

（2）检修任一台断路器，仅需断开该断路器及其两侧隔离开关，操作简单，无任何回路停电。

（3）断路器使用量较少，与不分段单母线相同，仅次于桥形接线，投资省，占地少。

（4）隔离开关只作为检修断路器时隔离电压用，不作切换操作用。

2. 缺点

（1）角形中任一台断路器检修时，变开环运行，降低接线的可靠性。角数越多，断路器越多，开环几率越大，即进出线回路数要受到限制。

（2）在开环的情况下，当某条回路故障时将影响别的回路工作。例如四角形接线（见图 3-19(b)）中，当 QF1 检修时，若 WL2 故障，则 QF3、QF4 跳闸，T1 送不了电，WL1 可能被限电。如果 T1 和 WL1 交换位置，则这种情况下，T1、T2 均送不了电，所以，电源与出线要交替布置。

（3）角形接线在开、闭环两种状态的电流差别很大，可能使设备选择发生困难，并使继电保护复杂化。

（4）配电装置的明显性较差，而且不利于扩建。

3. 适用范围

角形接线多用于最终规模较明确，进、出线数为 3～5 回的 110 kV 及以上的配电装置中（例如水电厂及无扩建要求的变电所等）。

3.3　发电厂和变电所主变压器的选择

发电厂和变电所中，用于向电力系统或用户输送功率的变压器，称为主变压器；只用于两种升高电压等级之间交换功率的变压器，称为联络变压器。

一、主变压器容量、台数的选择

主变压器容量、台数直接影响主接线的形式和配电装置的结构。它的选择除依据基础资料外，主要取决于输送功率的大小、与系统联系的紧密程度、运行方式及负荷的增长速度等因素，并至少要考虑 5 年内负荷的发展需要。如果容量选得过大、台数过多，则会增加投资、占地面积和损耗，不能充分发挥设备的效益，并增加运行和检修的工作量；如果容量选得过小、台数过少，则可能封锁发电厂剩余功率的输送，或限制变电所负荷的需要，影响系统不同电压等级之间的功率交换及运行的可靠性等。因此，应合理选择其容量和台数。

1. 发电厂主变压器容量、台数的选择

（1）单元接线中的主变压器容量 S_N 应按发电机额定容量扣除本机组的厂用负荷后，留有 10% 的裕度选择，即

$$S_N \approx \frac{1.1 P_{NG}(1-K_P)}{\cos\phi_G} \text{ MV·A} \qquad (3-1)$$

式中，P_{NG} 为发电机容量，在扩大单元接线中为两台发电机容量之和，单位为 MW；$\cos\phi_G$ 为发电机额定功率因数；K_P 为厂用电率。

每单元的主变压器为一台。

（2）接于发电机电压母线与升高电压母线之间的主变压器容量 S_N 按下列条件选择。

① 当发电机电压母线上的负荷最小时（特别是发电厂投入运行初期，发电机电压负荷不大），应能将发电厂的最大剩余功率送至系统，计算中不考虑稀有的最小负荷情况，即

$$S_N \approx \frac{\left[\dfrac{\sum P_{NG}(1-K_P)}{\cos\phi_G} - \dfrac{P_{min}}{\cos\phi}\right]}{n} \quad MV \cdot A \qquad (3-2)$$

式中，$\sum P_{NG}$ 为发电机电压母线上的发电机容量之和，单位为 MW；P_{min} 为发电机电压母线上的最小负荷，单位为 MW；$\cos\phi$ 为负荷功率因数；n 为发电机电压母线上的主变压器台数。

② 若发电机电压母线上接有两台及以上主变压器，当负荷最小且其中容量最大的一台变压器退出运行时，其他主变压器应能将发电厂最大剩余功率的 70% 以上送至系统，即

$$S_N \approx \frac{\left[\dfrac{\sum P_{NG}(1-K_P)}{\cos\phi_G} - \dfrac{P_{min}}{\cos\phi}\right] \times 70\%}{n-1} \quad MV \cdot A \qquad (3-3)$$

③ 当发电机电压母线上的负荷最大且其中容量最大的一台机组退出运行时，主变压器应能从系统倒送功率，满足发电机电压母线上最大负荷的需要，即

$$S_N \approx \frac{\left[\dfrac{P_{max}}{\cos\phi} - \dfrac{\sum P'_{NG}(1-K_P)}{\cos\phi_G}\right]}{n} \quad MV \cdot A \qquad (3-4)$$

式中，$\sum P'_{NG}$ 为发电机电压母线上除最大一台机组外，其他发电机容量之和，单位为 MW；P_{max} 为发电机电压母线上的最大负荷，单位为 MW。

④ 对水电厂比重较大的系统，由于经济运行的要求，在丰水期应充分利用水能，这时有可能停用火电厂的部分或全部机组，以节约燃料，火电厂的主变压器应能从系统倒送功率，满足发电机电压母线上最大负荷的需要，即

$$S_N \approx \frac{\left[\dfrac{P_{max}}{\cos\phi} - \dfrac{\sum P''_{NG}(1-K_P)}{\cos\phi_G}\right]}{n} \quad MV \cdot A \qquad (3-5)$$

式中，$\sum P''_{NG}$ 为发电机电压母线上停用部分机组后，其他发电机容量之和，单位为 MW。

对式（3-2）～式（3-5）计算结果进行比较，取其中最大者（无第④项要求者可不计算式（3-5））。

接于发电机电压母线上的主变压器一般说来不少于两台，但对主要向发电机电压供电的地方电厂、系统电源主要作为备用时，可以只装一台。

2. 变电所主变压器容量、台数的选择

变电所主变压器的容量一般按变电所建成后 5～10 年的规划负荷考虑，并应按照其中一台停用时其余变压器能满足变电所最大负荷 S_{max} 的 60%～70%（35～110 kV 变电所为 60%，220～500 kV 变电所为 70%）或全部重要负荷（当 I、II 类负荷超过上述比例时）选择，即

$$S_N \approx \frac{(0.6 \sim 0.7)S_{max}}{n-1} \quad MV \cdot A \qquad (3-6)$$

式中，n 为变电所主变压器台数。

为了保证供电的可靠性，变电所一般装设两台主变压器；枢纽变电所装设 2～4 台；地区性孤立的一次变电所或大型工业专用变电所，可装设 3 台。

3. 联络变压器容量的选择

(1) 联络变压器的容量应满足所联络的两种电压网络之间在各种运行方式下的功率交换。

(2) 联络变压器的容量一般不应小于所联络的两种电压母线上最大一台机组的容量，以保证最大一台机组故障或检修时，通过联络变压器来满足本侧负荷的需要；同时也可在线路检修或故障时，通过联络变压器将剩余功率送入另一侧系统。

注：联络变压器一般只装一台。

按照上述原则计算所需变压器容量后，应选择接近国家标准容量系列的变压器。当据计算结果偏小选择（例如计算结果为 6800 kV·A，而选择 6300 kV·A 的变压器）时，需进行过负荷校验，具体校验计算可参照变压器相关内容。

变压器是一种静止电器，实践证明它的工作比较可靠，事故率很低，每 10 年左右大修一次（可安排在低负荷季节进行），所以，可不考虑设置专用的备用变压器。但大容量单相变压器组是否需要设置备用相，应根据系统要求，经过技术经济比较后确定。

二、主变压器型式的选择

1. 相数的确定

在 330 kV 及以下的发电厂和变电所中，一般都选用三相式变压器。因为一台三相式变压器比同容量的三台单相式变压器投资小、占地少、损耗小，同时配电装置结构较简单，运行维护较方便。如果受到制造、运输等条件（如桥梁负重、隧道尺寸等）的限制，则可选用两台容量较小的三相变压器；在技术经济合理时，也可选用单相变压器组。

在 500 kV 及以上的发电厂和变电所中，应按其容量、可靠性要求、制造水平、运输条件、负荷和系统情况等因素，经技术经济比较后确定。

2. 绕组数的确定

(1) 只有一种升高电压向用户供电或与系统连接的发电厂，以及只有两种电压的变电所，采用双绕组变压器。

(2) 有两种升高电压向用户供电或与系统连接的发电厂，以及有三种电压的变电所，可以采用双绕组变压器或三绕组变压器（包括自耦变压器）。

① 当最大机组容量为 125 MW 及以下，而且变压器各侧绕组的通过容量均达到变压器额定容量的 15％ 及以上时（否则绕组利用率太低），应优先考虑采用三绕组变压器，如图 3-20(a)所示。因为两台双绕组变压器才能起到联系三种电压级的作用，而一台三绕组变压器的价格、所用的控制电器及辅助设备比两台双绕组变压器少，运行维护也较方便。但一个电厂中的三绕组变压器一般不超过两台。当送电方向主要由低压侧送向中、高压侧，或由低、中压侧送向高压侧时，优先采用自耦变压器。

② 当最大机组容量为 125 MW 及以下，但变压器某侧绕组的通过容量小于变压器额定容量的 15％ 时，可采用发电机-双绕组变压器单元加双绕组联络变压器，如图 3-20(b)所示。

③ 当最大机组容量为 200 MW 及以上时,采用发电机-双绕组变压器单元加联络变压器。其联络变压器宜选用三绕组(包括自耦变压器),低压绕组可作为厂用备用电源或启动电源,也可用来连接无功补偿装置,如图 3-20(c)所示。

④ 当采用扩大单元接线时,应优先选用低压分裂绕组变压器,以限制短路电流。

⑤ 在有三种电压的变电所中,如变压器各侧绕组的通过容量均达到变压器额定容量的 15% 及以上,或低压侧虽无负荷,但需在该侧装无功补偿设备时,宜采用三绕组变压器;当变压器需要与 110 kV 及以上的两个中性点直接接地系统相连接时,可优先选用自耦变压器。

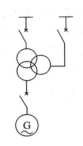 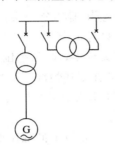 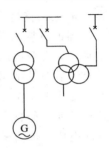

(a) 采用三绕组(或自耦)主变压器　　(b) 采用双绕组主变压器和联络变压器　　(c) 采用双绕组主变压器和三绕组(或自耦)联络变压器

图 3-20 有两种升高电压的发电厂连接方式

3. 绕组接线组别的确定

变压器的绕组连接方式必须使得其线电压与系统线电压相位一致,否则不能并列运行。电力系统变压器采用的绕组连接方式有星形"Y"和三角形"D"两种。我国电力变压器的相绕组所采用的连接方式为:110 kV 及以上电压侧均为"YN",即有中性点引出并直接接地;35 kV 作为高、中压侧时都可能采用"Y",其中性点不接地或经消弧线圈接地,作为低压侧时可能用"Y"或"D";35 kV 以下电压侧(不含 0.4 kV 及以下)一般为"D",也有"Y"方式。

变压器绕组接线组别(即各侧绕组连接方式的组合),一般考虑系统或机组同步并列要求及限制三次谐波对电源的影响等因素。接线组别的一般情况是:

(1) 6～500 kV 均有双绕组变压器,其接线组别为"Y,d11"或"YN,d11","YN,y0"或"Y,yn0"。0 和 11 分别表示该侧的线电压与前一侧的线电压相位差 0° 和 330°(下同)。组别"I,I0"表示单相双绕组变压器,用于 500 kV 系统。

(2) 110～500 kV 均有三绕组变压器,其接线组别为"YN,y0,d11"、"YN,yn0,d11"、"YN,yn0,y0"、"YN,d11-d11"(表示有两个"D"接的低压分裂绕组)及"YN,a0,d11"(表示高、中压侧为自耦方式)等。组别"I,I0,I0"及"I,a0,I0"表示单相三绕组变压器,用于 500 kV 系统。

4. 结构型式的选择

三绕组变压器或自耦变压器,在结构上有以下两种基本型式。

(1) 升压型。升压型的绕组排列为:铁芯—中压绕组—低压绕组—高压绕组,绕组间相距较远、阻抗较大、传输功率时损耗较大。

(2) 降压型。降压型的绕组排列为：铁芯—低压绕组—中压绕组—高压绕组，高、低压绕组间相距较远、阻抗较大、传输功率时损耗较大。

应根据功率的传输方向来选择其结构型式。

发电厂的三绕组变压器，高、中压一般为低压侧向高、中压侧供电，应选用升压型。变电所的三绕组变压器，如果以高压侧向中压侧供电为主、向低压侧供电为辅，则应选用降压型；如果以高压侧向低压侧供电为主、向中压侧供电为辅，则可选用"升压型"。

5．调压方式的确定

变压器的电压调整是用分接开关切换变压器的分接头，从而改变其变比来实现的。无励磁调压变压器的分接头较少，调压范围只有 10%（±2×2.5%），且分接头必须在停电的情况下才能调节；有载调压变压器的分接头较多，调压范围可达 30%，且分接头可在带负荷的情况下调节，但其结构复杂、价格贵，在下述情况下采用较为合理。

(1) 出力变化大，或发电机经常在低功率因数运行的发电厂的主变压器。

(2) 具有可逆工作特点的联络变压器。

(3) 电网电压可能有较大变化的 220 kV 及以上的降压变压器。

(4) 电力潮流变化大和电压偏移大的 110 kV 变电所的主变压器。

6．冷却方式的选择

电力变压器的冷却方式，随电力变压器的型式和容量不同而异，一般其冷却方式有以下几种类型。

(1) 自然风冷却：无风扇，仅借助冷却器（又称散热器）热辐射和空气自然对流冷却，额定容量在 10 000 kV·A 及以下。

(2) 强迫空气冷却：强迫空气冷却简称风冷式，在冷却器间加装数台电风扇，使油迅速冷却，额定容量在 8000 kV·A 及以上。

(3) 强迫油循环风冷却：采用潜油泵强迫油循环，并用风扇对油管进行冷却，额定容量在 40 000 kV·A 及以上。

(4) 强迫油循环水冷却：采用潜油泵强迫油循环，并用水对油管进行冷却，额定容量在 120 000 kV·A 及以上。由于铜管质量不过关，国内已很少应用。

(5) 强迫油循环导向冷却：采用潜油泵将油压入线圈之间、线饼之间和铁芯预先设计好的油道中进行冷却。

(6) 水内冷：将纯水注入空心绕组中，借助水的不断循环，将变压器的热量带走。

注意：相同容量的变压器可能有不同的冷却方式，所以存在选择问题。

例 3-1 某电厂电气主接线如图 3-21 所示。已知：发电机 G1、G2 容量均为 25 MW，G3 容量为 50 MW，发电机额定电压 10.5 kV，高压侧为 110 kV；10 kV 母线上最大综合负荷为 32 MW，最小负荷为 23 MW，发电机及负荷的功率因数均为 0.8；厂用电率为 10%。请选择变压器 T1~T3 的容量。

解：(1) T1、T2 容量的选择。

① 由式（3-2）知，当 10 kV 母线上的负荷最小时，应有

$$S_N \approx \frac{\dfrac{2 \times 25 \times (1-0.1)}{0.8} - \dfrac{23}{0.8}}{2} = 13.75 \text{ MV·A}$$

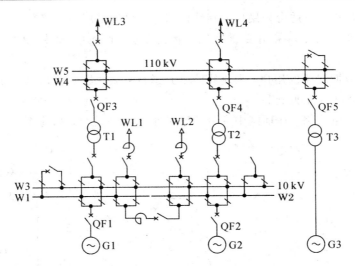

图 3-21　某电厂电气主接线

② 由式(3-3)知，当 10 kV 母线上的负荷最小且 T1、T2 之一退出时，应有

$$S_N \approx \left[\frac{2 \times 25 \times (1-0.1)}{0.8} - \frac{23}{0.8} \right] \times 0.7 = 19.25 \text{ MV} \cdot \text{A}$$

③ 由式(3-4)知，当 10 kV 母线上的负荷最大且 G1、G2 之一退出时，应有

$$S_N \approx \frac{\left[\frac{32}{0.8} - \frac{25 \times (1-0.1)}{0.8} \right]}{2} = 5.9375 \text{ MV} \cdot \text{A}$$

可见，应由式(3-3)的计算结果选择该变压器的容量，查附表 1-5，可选择型号为 SF11-20000/110 变压器。

(2) T3 容量的选择：由式(3-1)知，应有

$$S_N \approx \frac{1.1 \times 50 \times (1-0.1)}{0.8} = 61.875 \text{ MV} \cdot \text{A}$$

查附表 1-5，可选择型号为 SF11-63000/110 变压器。

3.4　限制短路电流的措施

短路是电力系统中常发生的故障。当短路电流通过电气设备时，将引起设备短时发热，并产生巨大的电动力，因此它直接影响电气设备的选择和安全运行。某些情况下，短路电流能达到很大的数值，例如，在大容量发电厂中，当多台发电机并联运行于发电机电压母线时，短路电流可达几万至几十万安。这时按照电路额定电流选择的电器可能承受不了短路电流的冲击，从而不得不加大设备型号，即选用重型电器(其额定电流比所控制电路的额定电流大得多的电器)，这是不经济的。为此，在设计主接线时，应根据具体情况采取限制短路电流的措施，以便在发电厂和用户侧均能合理地选择轻型电器(即其额定电流与所控制电路的额定电流相适应的电器)和截面较小的母线及电缆。

一、选择适当的主接线形式和运行方式

为了减小短路电流，可采用计算阻抗大的接线和减少并联设备、并联支路的运行方式。

(1) 在发电厂中,对适合采用单元接线的机组,尽量采用单元接线。

(2) 在降压变电所中,采用变压器低压侧分裂运行方式,如将图 3-22(a)中的 QF 断开。

(3) 对具有双回线路的用户,采用线路分开运行方式,如将图 3-22(b)中的 QF 断开,或在负荷允许时,采用单回运行。

(4) 对环形供电网络,在环网中穿越功率最小处开环运行,如将图 3-22(c)中的 QF1 或 QF2 断开。

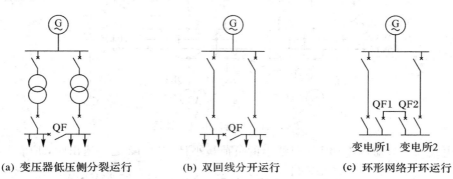

(a) 变压器低压侧分裂运行　　　(b) 双回线分开运行　　　(c) 环形网络开环运行

图 3-22　限制短路电流的几种运行方式

以上方法中(2)~(4)点将会降低供电的可靠性和灵活性,而且会增加电压损失和功率损耗。所以,目前限制短路电流主要采用加装限流电抗器或低压分裂绕组变压器的方法。

二、加装限流电抗器

在发电厂和变电所 20 kV 及以下的某些回路中加装限流电抗器是广泛采用的限制短路电流的方法。

1. 加装普通电抗器

按安装地点和作用,普通电抗器可分为母线电抗器和线路电抗器两种。

1) 母线电抗器

母线电抗器装于母线分段上或主变压器低压侧回路中,见图 3-23 中的 L1。

(1) 母线电抗器的作用。无论是厂内(见图 3-23 中 k1、k2 点)或厂外(见图 3-23 中 k3 点)发生短路,母线电抗器均能起到限制短路电流的作用。① 使得发电机出口断路器、母联断路器、分段断路器及主变压器低压侧断路器都能按各自回路的额定电流选择;② 当电厂和系统容量较小,而母线电抗器的限流作用足够大时,线路断路器也可按相应线路的额定电流选择,这种情况下可以不装设线路电抗器。

(2) 百分电抗。电抗器在其额定电流 I_N 下所产生的电压降 $x_L I_N$ 与额定相电压比值的百分数,称为电抗器的百分电抗,即

$$x_L\% = \frac{\sqrt{3}\,x_L I_N}{U_N} \times 100 \qquad (3-7)$$

由于正常情况下母线分段处往往电流最小,在此装设电抗器所产生的电压损失和功率损耗最小,因此,在设计主接线时应首先考虑装设母线电抗器,同时,为了有效地限制短路电流,母线电抗器的百分电抗值可选得大一些,一般为 8%～12%。

2）线路电抗器

当电厂和系统容量较大时，除装设母线电抗器外，还要装设线路电抗器。在馈线上加装电抗器，见图 3-23 中 L2。

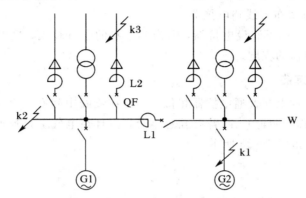

L1—装于母线分段的母线电抗器；L2—装于线路的电抗器

图 3-23　普通电抗器的装设地点

（1）线路电抗器的作用。主要是用来限制 6～10 kV 电缆馈线的短路电流。这是因为，电缆的电抗值很小且有分布电容，即使在馈线末端短路，其短路电流也和在母线上短路相近。装设线路电抗器后：

① 可限制该馈线电抗器后发生短路（如图 3-23 中 k3 点短路）时的短路电流，使发电厂引出端和用户处均能选用轻型电器，减小电缆截面。

② 由于短路时电压降主要产生在电抗器中，因而母线能维持较高的剩余电压（或称残压，一般都大于 $65\%U_N$），对提高发电机并联运行稳定性和连接于母线上非故障用户（尤其是电动机负荷）的工作可靠性极为有利。

（2）百分电抗。为了既能限制短路电流，维持较高的母线剩余电压，又不致在正常运行时产生较大的电压损失（一般要求不应大于 $5\%U_N$）和较多的功率损耗，通常线路电抗器的百分电抗值选择 3%～6%，具体值由计算确定。

（3）线路电抗器的布置位置有两种方式：

① 布置在断路器 QF 的线路侧，如图 3-24(a)所示。这种布置安装较方便，但因断路器是按电抗器后的短路电流选择，所以，断路器有可能因切除电抗器故障而损坏。

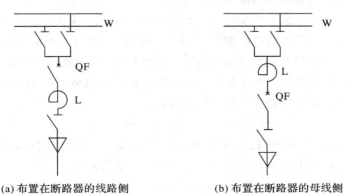

(a) 布置在断路器的线路侧　　　　　(b) 布置在断路器的母线侧

图 3-24　直配线路电抗器布置位置

② 布置在断路器 QF 的母线侧，如图 3-24(b)所示。这种布置安装不方便，而且使得线路电流互感器(在断路器 QF 的线路侧)至母线的电气距离较长，增加了母线的故障机会。

当母线和断路器之间发生单相接地时，寻找接地点所进行的操作较多。我国多采用如图 3-24(a)所示的方式布置线路电抗器。

对于架空馈线，一般不装设电抗器，因为其本身的电抗较大，足以把本线路的短路电流限制到装设轻型电器的程度。

2. 加装分裂电抗器

分裂电抗器在结构上与普通电抗器相似，只是在线圈中间有一个抽头作为公共端，将线圈分为两个分支(称为两臂)。两臂有互感耦合，而且在电气上是连通的。分裂电抗器的图形符号、等值电路如图 3-25 所示。

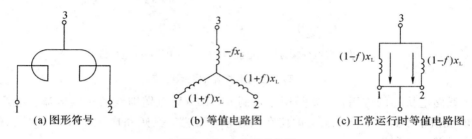

(a) 图形符号   (b) 等值电路图   (c) 正常运行时等值电路图

图 3-25 分裂电抗器

一般中间抽头 3 用来连接电源，两臂 1、2 用来连接大致相等的两组负荷。

两臂的自感相同，即 L1＝L2＝L，一臂的自感抗 $x_L＝\omega L$。若两臂的互感为 M，则互感抗 $x_M＝\omega M$。耦合系数 f 为

$$f=\frac{M}{L} \tag{3-8}$$

即

$$x_M=fx_L \tag{3-9}$$

注意：f 取决于分裂电抗器的结构，一般为 0.4～0.6。

1) 优点

当分裂电抗器一臂的电抗值与普通电抗器相同时，有比普通电抗器突出的优点，具体如下：

(1) 正常运行时电压损失小。设正常运行时两臂的电流相等，均为 I，则由图 3-25(b)所示等值电路可知，每臂的电压降为

$$\Delta U=\Delta U_{31}=\Delta U_{32}=I(1+f)x_L-2Ifx_L=I(1-f)x_L \tag{3-10}$$

所以，正常运行时的等值电路如图 3-25(c)所示。若取 $f=0.5$，则 $\Delta U=Ix_L/2$，即正常运行时，电流所遇到的电抗为分裂电抗器一臂电抗的 1/2，电压损失比普通电抗器小。

(2) 短路时有限流作用。当分支 1 的出线短路时，流过分支 1 的短路电流 I_k 比分支 2 的负荷电流大得多，若忽略分支 2 的负荷电流，则

$$\Delta U_{31}=I_k[(1+f)x_L-fx_L]=I_kx_L \tag{3-11}$$

即短路时，短路电流所遇到的电抗为分裂电抗器一臂电抗 x_L，与普通电抗器的限制作用一样。

(3) 比普通电抗器多供一倍的出线，减少了电抗器的数目。

2) 缺点

(1) 正常运行中，当一臂的负荷变动时，会引起另一臂母线电压波动。

（2）当一臂母线短路时，会引起另一臂母线电压升高。

上述两种情况均与分裂电抗器的电抗百分值有关，具体计算将在第 5 章中介绍。一般分裂电抗器的电抗百分值取 $8\%\sim12\%$。

3）装设地点

分裂电抗器的装设地点如图 3-26 所示。其中，图 3-26(a)的分裂电抗器装于直配电缆馈线上，每臂可以接一回或几回出线；图 3-26(b)的分裂电抗器装于发电机回路中，此时它同时起到母线电抗器和出线电抗器的作用；图 3-26(c)的分裂电抗器装于变压器低压侧回路中，可以是主变压器或厂用变压器回路。

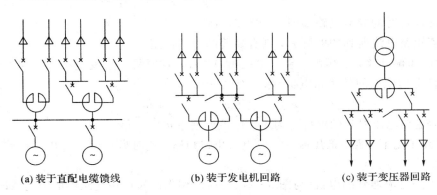

(a) 装于直配电缆馈线　　(b) 装于发电机回路　　(c) 装于变压器回路

图 3-26　分裂电抗器的装设地点

三、采用低压分裂绕组变压器

1. 低压分裂绕组变压器的应用

（1）用于发电机-主变压器扩大单元接线，如图 3-27(a)所示，它可以限制发电机出口的短路电流。

（2）用作高压厂用变压器，这时两分裂绕组分别接至两组不同的厂用母线段，如图 3-27(b)所示，它可以限制厂用电母线的短路电流，并使短路时变压器高压侧及另一段母线有较高的残压，提高厂用电的可靠性。

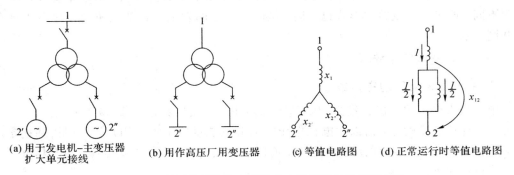

(a) 用于发电机-主变压器　(b) 用作高压厂用变压器　(c) 等值电路图　(d) 正常运行时等值电路图
　扩大单元接线

图 3-27　低压分裂绕组变压器的应用场所及其等值电路

2. 优点

分裂变压器的两个低压分裂绕组，在电气上彼此不相连接、容量相同（一般为额定容量的 $50\%\sim60\%$）、阻抗相等。其等值电路与三绕组变压器相似，如图 3-27(c)所示。其中 x_1

为高压绕组漏抗，$x_{2'}$、$x_{2''}$ 为两个低压分裂绕组漏抗，可以由制造部门给出的穿越电抗 x_{12}（高压绕组与两低压绕组间的等值电抗）和分裂系数 K_f 求得。在设计制造时，有意使两分裂绕组的磁联系较弱，因而 $x_{2'}$、$x_{2''}$ 都较 x_1 大得多。

（1）正常电流遇到的电抗小。设正常运行时流过高压绕组的电流为 I，则流过每个低压绕组的电流为 $I/2$，由图 3 - 27(c)等值电路可知，高、低压绕组间的电压降为

$$\Delta U_{12'} = \Delta U_{12''} = I x_{12} = I x_1 + \frac{I x_{2'}}{2} = I\left(x_1 + \frac{x_{2'}}{2}\right)$$

$$x_{12} = x_1 + \frac{x_{2'}}{2} \approx \frac{x_{2'}}{2} \tag{3-12}$$

所以，正常运行时的等值电路如图 3 - 27(d)所示。

（2）若短路电流遇到的电抗大，则有显著的限流作用。

① 设高压侧开路，低压侧一台发电机出口短路，这时另一台发电机的短路电流所遇到的电抗为两分裂绕组间的短路电抗（称分裂电抗），则

$$x_{2'2''} = x_{2'} + x_{2''} = 2 x_{2'} \approx 4 x_{12} \tag{3-13}$$

即短路时，短路电流遇到的电抗约为正常电流所遇电抗的 4 倍。

② 设高压侧不开路，低压侧一台发电机出口短路，这时另一台发电机的短路电流所遇到的电抗仍为 $x_{2'2''}$。

系统短路电流遇到的电抗（与图 3 - 27(b)所示用作高压厂用变压器的短路情况相同）为

$$x_1 + x_{2'} \approx 2 x_{12} \tag{3-14}$$

以上电抗都很大，能达到限制短路电流的作用。

分裂绕组变压器比普通变压器贵 20% 左右，但由于它的优点，在我国大型电厂中得到广泛应用。

3.5 各类发电厂和变电所主接线的特点及实例

电气主接线是根据发电厂和变电所的具体条件确定的，由于发电厂和变电所的类型、容量、地理位置、在电力系统中的地位、作用、馈线数目、负荷性质、输电距离及自动化程度等不同，所采用的主接线形式也不同，但同一类型的发电厂或变电所的主接线仍具有某些共同特点。

一、火力发电厂主接线

1. 中小型火电厂的主接线

中小型火电厂的单机容量为 200 MW 及以下，总装机容量为 1000 MW 以下，一般建在工业企业或城镇附近，需以发电机电压将部分电能供给本地区用户，如钢铁基地，大型化工、冶炼企业及大城市的综合用电等，有时兼供热，所以有凝汽式电厂，也有热电厂。其主接线特点如下：

（1）设有发电机电压母线。

① 根据地区网络的要求，母线电压采用 6 kV 或 10 kV。发电机单机容量为 100 MW 及以下。当发电机容量为 12 MW 及以下时，一般采用单母线分段接线；当发电机容量为 25 MW 及以上时，一般采用双母线分段接线。通常情况下不装设旁路母线。

②　出线回路较多(有时多达数十回)，供电距离较短(一般不超过 20 km)，为避免雷击线路直接威胁发电机，一般多采用电缆供电。

③　当发电机容量较小时，一般仅装设母线电抗器即足以限制短路电流；当发电机容量较大时，一般需同时装设母线电抗器及出线电抗器。

④　通常用两台及以上主变压器与升高电压级联系，以便向系统输送剩余功率或从系统倒送不足的功率。

(2) 当发电机容量为 125 MW 及以上时，采用单元接线；当原接于发电机电压母线的发电机已满足地区负荷的需要时，虽然后面扩建的发电机容量小于 125 MW，也采用单元接线，以减小发电机电压母线的短路电流。

(3) 升高电压等级不多于两级(一般为 35～220 kV)，而升高电压部分的接线形式与电厂在系统中的地位、负荷的重要性、出线回路数、设备特点、配电装置型式等因素有关，可能采用单母线、单母线分段、双母线、双母线分段接线，当出线回路数较多时，增设旁路母线；当出线不多、最终接线方案已明确时，可以采用桥形、角形接线。具体条件参见3.2 和3.3。

(4) 从整体上看，中小型火电厂的主接线较复杂，且一般屋内和屋外配电装置并存。

某中型热电厂的主接线如图 3-28 所示。由图可知，该热电厂装有两台发电机，并且接在 10 kV 母线上；其中 10 kV 母线为双母线三分段接线，母线分段及电缆出线均装有电抗器，用以限制短路电流，以便选用轻型电器；发电厂供给本地区后的剩余电能通过两台三绕组主变压器送入 110 kV 及 220 kV 电压级；110 kV 为分段的单母线接线，重要用户可用双回路分别接到两分段上；220 kV 为有专用旁路断路器的双母线带旁路母线接线，只有出线进旁路，主变压器不进旁路。

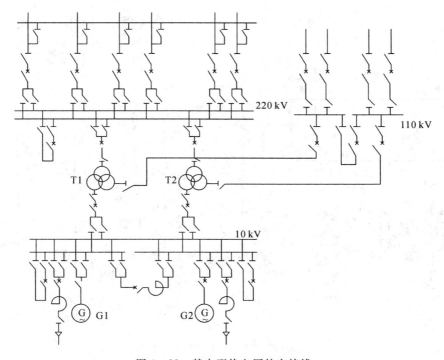

图 3-28　某中型热电厂的主接线

2. 大型火电厂的主接线

大型火电厂单机容量为 200 MW 及以上，总装机容量为 1000 MW 及以上，主要用于发电，多为凝汽式火电厂。其主接线特点如下：

（1）在系统中地位重要、主要承担基本负荷、负荷曲线平稳、设备利用小时数高、发展可能性大，因此，其主接线要求较高。

（2）不设发电机电压母线，发电机与主变压器（双绕组变压器或分裂变压器）采用简单可靠的单元接线，发电机出口至主变压器低压侧之间采用封闭母线。除厂用电外，绝大部分电能直接用 220 kV 及以上的 1～2 种升高电压送入系统。附近用户则由地区供电系统供电。

（3）升高电压部分为 220 kV 及以上。若为 220 kV 配电装置，则通常采用双母线带旁路母线、双母线分段带旁路母线接线，接入 220 kV 配电装置的单机容量一般不超过300 MW；若为 330～500 kV 配电装置，且进出线数为 6 回及以上时，则采用一台半断路器接线。220 kV 与 330～500 kV 配电装置之间一般用自耦变压器联络。

（4）从整体上看，大型火电厂的主接线较简单、清晰，且一般均为屋外配电装置。

某大型火电厂的主接线如图 3-29 所示。由图可知，该发电厂有 4×300 MW 及 2×600 MW 共六台发电机，分别与六台双绕组主变压器接成单元接线，其中两个单元接到 220 kV 配电装置，四个单元接到 500 kV 配电装置；220 kV 为有专用旁路断路器的双母线带旁路接线；500 kV 为一台半断路器接线；220 kV 与 500 kV 用自耦变压器联络（由三台单相变压器组成），其低压侧 35 kV 为单母线接线，接有两台厂用高压启动/备用变压器及并联电抗器；各主变压器的低压侧及 220 kV 母线，分别接有厂用高压工作或备用变压器。并且，图 3-29 中还表明了互感器和避雷器的配置情况，此处不再赘述。

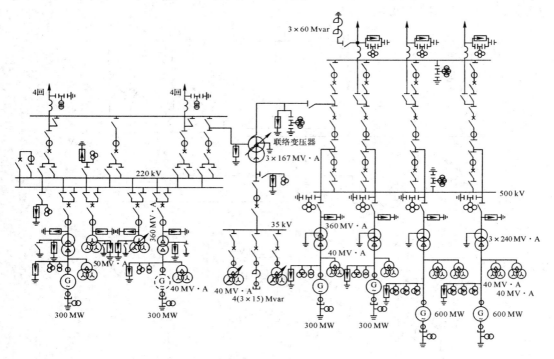

图 3-29　某大型火电厂的主接线

二、水电厂主接线

水电厂以水能为能源，多建于山区峡谷中，一般远离负荷中心，附近用户少，甚至完全没有用户，因此它的主接线有类似于大型火电厂主接线的特点。

（1）不设发电机电压母线，除厂用电外，绝大部分电能用 1～2 种升高电压送入系统。

（2）装机台数及容量是根据水能利用条件一次确定，因此，其主接线、配电装置及厂房布置一般不考虑扩建。但常因设备供应、负荷增长情况及水工建设工期较长等原因而分期施工，以便尽早发挥设备的效益。

（3）由于山区峡谷中地形复杂，为缩小占地面积、减少土石方的开挖和回填量，主接线尽量采用简化的接线形式，以减少设备数量，使配电装置布置紧凑。

（4）由于水电厂生产的特点及所承担的任务，也要求其主接线尽量采用简化的接线形式，以避免繁琐的倒闸操作。

水轮发电机组启动迅速、灵活方便，生产过程容易实现自动化和远动化。一般从启动到带满负荷只需 4～5 min，事故情况下可能不到 1 min。因此，水电厂在枯水期常常被用作系统的事故备用、检修备用或承担调峰、调频、调相等任务；在丰水期则承担系统的基本负荷，以充分利用水能，节约火电厂的燃料。可见，水电厂的负荷曲线变动较大，开、停机次数频繁，相应设备投、切频繁，设备利用小时数较火电厂小，因此，其主接线应尽量采用简化的接线形式。

（5）由于水电厂的特点，其主接线广泛采用单元接线，特别是扩大单元接线。大容量水电厂的主接线形式与大型火电厂相似；中、小容量水电厂的升高电压部分在采用一些固定的、适合回路数较少的接线形式（如桥形、多角形、单母线分段等）方面，比火电厂用得更多。

（6）从整体上看，水电厂的主接线较火电厂简单、清晰，且一般均为屋外配电装置。

某中型水电厂的主接线如图 3-30 所示。由图可知，该电厂有 4 台发电机，每两台机与一台双绕组变压器接成扩大单元接线；110 kV 侧只有 2 回出线，与两台主变压器接成四角形接线。

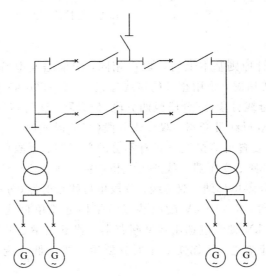

图 3-30　某中型水电厂的主接线

某大型水电厂的主接线如图 3-31 所示。由图可知，该电厂有 6 台发电机，其中 G1～G4 与分裂变压器 T1、T2 接成扩大单元接线，将电能送到 500 kV 配电装置；G5、G6 与双绕组变压器 T3、T4 接成单元接线，将电能送到 220 kV 配电装置；500 kV 配电装置采用一台半断路器接线，220 kV 配电装置采用有专用旁路断路器的双母线带旁路接线，只有出线进旁路；220 kV 与 500 kV 用自耦变压器 T5 联络，其低压绕组作为厂用备用电源。接线形式与图 3-28 很相似。

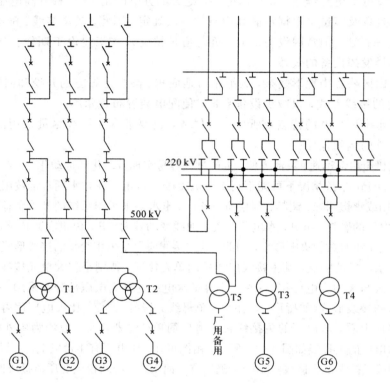

图 3-31　某大型水电厂主接线

三、变电所主接线

变电所主接线的设计原则基本上与发电厂相同，即根据变电所的地位、负荷性质、出线、回路数、设备特点等情况，采用相应的接线形式。330～500 kV 配电装置可能的接线形式有一台半断路器、双母线分段（三分段或四分段）带旁路、变压器-母线组接线；220 kV 配电装置可能接线形式有双母线带旁路、双母线分段（三分段或四分段）带旁路及一台半断路器接线等；110 kV 配电装置可能接线形式有不分段单母线、分段单母线、分段单母线带旁路、双母线、双母线带旁路、变压器一线路组及桥形接线等；35～63 kV 配电装置可能接线形式有不分段单母线、分段单母线、双母线、分段单母线带旁路（分段兼旁路断路器）、变压器一线路组及桥形接线等；6～10 kV 配电装置常采用分段单母线，有时也采用双母线接线，以便于扩建。6～10 kV 馈线应选用轻型断路器，若不能满足开断电流及动、热稳定要求，应采取限制短路电流措施，例如使变压器分裂运行或在低压侧装设电抗器，在出线上装设电抗器等。

某 110 kV 终端变电所、110 kV 地区变电所及 500 kV 枢纽变电所主接线如图 3-32～图 3-34 所示，请读者自行分析。

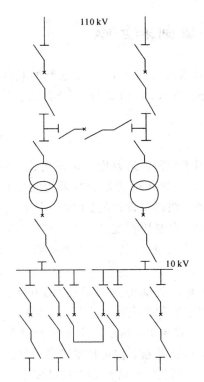

图 3-32　某 110 kV 终端变电所主接线　　　　图 3-33　某 110 kV 地区变电所主接线

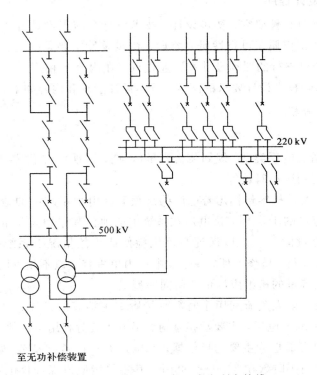

图 3-34　某 500 kV 枢纽变电所主接线

3.6 主接线的设计原则和步骤

主接线设计是一个综合性问题,必须结合电力系统和发电厂或变电所的具体情况,全面分析有关因素,正确处理它们之间的关系,经过技术、经济比较,合理地选择主接线方案。

一、主接线的设计原则

(1) 以设计任务书为依据。设计任务书是根据国家经济发展及电力负荷增长率的规划,在进行大量的调查研究和资料搜集工作的基础上,对系统负荷进行分析及电力电量平衡,从宏观角度论证建厂(所)的必要性、可能性和经济性,明确建设目的、依据、负荷及所在电力系统情况、建设规模、建厂条件、地点和占地面积、主要协作配合条件、环境保护要求、建设进度、投资控制和筹措、需要研制的新产品等,并经上级主管部门批准后提出的,因此,它是设计的原始资料和依据。

(2) 以国家经济建设的方针、政策、技术规范和标准为准则。国家建设的方针、政策、技术规范和标准是根据电力工业的技术特点,结合国家实际情况而制定的,它是科学、技术条理化的总结,是长期生产实践的结晶,设计中必须严格遵循,特别应贯彻执行资源综合利用、保护环境、节约能源和水源、节约用地、提高综合经济效益和促进技术进步的方针。

(3) 结合工程实际情况,使主接线满足可靠性、灵活性、经济性和先进性要求。

二、主接线的设计程序

主接线设计包括可行性研究、初步设计、技术设计和施工设计等 4 个阶段。下达设计任务书之前所进行的工作属于可行性研究阶段。初步设计主要是确定建设标准、各项技术原则和总概算。学校里进行的课程设计和毕业设计,在内容上相当于实际工程中的初步设计,其中,部分可达到技术设计要求的深度。具体设计步骤和内容如下。

1. 对原始资料分析

1) 本工程情况

本工程情况包括发电厂类型、规划装机容量(近期、远景)、单机容量及台数、可能的运行方式及年最大负荷利用小时数等。

(1) 总装机容量及单机容量标志着电厂的规模和在电力系统中的地位及作用。当总装机容量超过系统总容量的 15% 时,该电厂在系统中的地位和作用至关重要。单机容量的选择不宜大于系统总容量的 10%,以保证在该机检修或事故情况下系统供电的可靠性。另外,为使生产管理及运行、检修方便,一个发电厂内单机容量以不超过两种为宜,台数以不超过 6 台为宜,且同容量的机组应尽量选用同一型式。

(2) 运行方式及年最大负荷利用小时数直接影响主接线的设计。例如,核电厂及单机容量为 200 MW 以上的火电厂,主要承担基荷,年最大负荷利用小时数在 5000 h 以上,其主接线应以保证供电可靠性为主要选择依据;水电厂有可能承担基荷(如丰水期)、腰荷和峰荷,年最大负荷利用小时数在 3000~5000 h,其主接线应以保证供电调度的灵活性为主要选择依据。

2）电力系统情况

电力系统情况包括系统的总装机容量、近期及远景（5～10 年）发展规划、归算到本厂高压母线的电抗，本厂（所）在系统中的地位和作用、近期及远景与系统的连接方式及各电压级中性点接地方式等。

电厂在系统中处于重要地位时其主接线要求较高。系统的归算电抗在主接线设计中主要用于短路计算，以便选择电气设备。电厂与系统的连接方式也与其地位和作用相适应，例如，中、小型火电厂通常靠近负荷中心，常有 6～10 kV 地区负荷，仅向系统输送不大的剩余功率，与系统之间可采用单回弱联系方式，如图 3－35（a）所示；大型发电厂通常远离负荷中心，其绝大部分电能向系统输送，与系统之间则采用双回或环形强联系方式，如图 3－35（b）（c）所示。

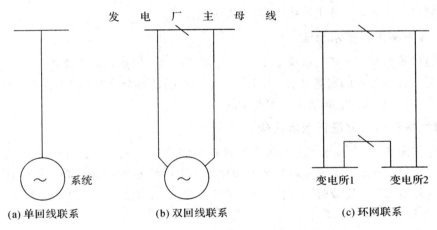

图 3－35　电厂接入系统示意图

电力系统中性点接地方式是一个综合性问题。我国对 35 kV 及以下电网中性点采用非直接接地（不接地或经消弧线圈、接地变压器接地等），又称小接地电流系统；对 110 kV 及以上电网中性点均采用直接接地，又称大接地电流系统。电网的中性点接地方式决定了主变压器中性点的接地方式。发电机中性点采用非直接接地，其中 125 MW 及以下机组的中性点采用不接地或经消弧线圈接地，200 MW 及以上机组的中性点采用经接地变压器接地（其二次侧接有一电阻）。

3）负荷情况

负荷情况包括负荷的地理位置、电压等级、出线回路数、输送容量、负荷类别、最大及最小负荷、功率因数、增长率、年最大负荷利用小时数等。

对于一级负荷必须有两个独立电源供电（例如用双回路接于不同的母线段）；二级负荷一般也要有两个独立电源供电；三级负荷一般只需一个电源供电。

负荷的发展和增长速度，受政治、经济、工业水平和自然条件等因素的影响。负荷的预测方法有多种，需要时可参考有关文献。一般，粗略认为负荷在一定阶段内的自然增长率按指数规律变化，即

$$L = L_0 e^{mt}$$

（3－15）

式中，L_0 为初期负荷，单位为 MW；m 为年负荷增长率，由概率统计确定；t 为年数，一般按 5～10 年规划考虑；L 为由负荷为 L_0 的某年算起，经 t 年后的负荷，单位为 MW。

4）其他情况

其他情况包括环境条件、设备制造情况等。当地的气温、湿度、覆冰、污秽、风向、水文、地质、海拔高度及地震等因素，对主接线中电气设备的选择、厂房和配电装置的布置等均有影响。为使所设计的主接线具有可行性，必须对主要设备的性能、制造能力、价格和供货等情况进行汇集、分析、比较，以保证设计的先进性、经济性和可行性。

2. 拟定若干个可行的主接线方案

根据设计任务书的要求，在分析了原始资料的基础上，可拟定出若干个可行的主接线方案。因为考虑到发电机的连接方式，主变压器的台数、容量及型式，各电压级接线形式的选择等不同，所以会有多种主接线方案（本期和远期）。

3. 对各方案进行技术论证

根据主接线的基本要求，从技术上论证各方案的优、缺点，对地位重要的大型发电厂或变电所要进行可靠性的定量计算、比较，淘汰一些明显不合理的、技术性较差的方案，保留 2～3 个技术上相当的、满足任务书要求的方案。

4. 对所保留的方案进行经济比较

对所保留的 2～3 个技术上相当的方案进行经济计算，并进行全面的技术、经济比较，确定最优方案。经济比较主要是对各个参加比较的主接线方案的综合总投资 O 和年运行费 U 进行综合效益比较。比较时，一般只需计算各方案不同部分的综合总投资和年运行费。

1）综合总投资 O 的计算

综合总投资主要包括变压器、配电装置等主体设备的综合投资及不可预见的附加投资。所谓综合投资，就是设备本体价格、附属设备（如母线、控制设备等）费、主要材料费及安装费等各项费用的总和。综合总投资 O 可用式（3-16）计算，即

$$O = O_0 \left(1 + \frac{a}{100}\right) \text{ 万元} \tag{3-16}$$

式中，O_0 为主体设备的投资，包括变压器、开关设备、配电装置、明显的增修桥梁和公路，以及拆迁等费用，万元；a 为不明显的附加费用的比例系数，如基础加工、电缆沟道开挖费用等，对 220 kV 取 70，110 kV 取 90。

2）年运行费 U 的计算

年运行费 U 主要包括一年中变压器的电能损耗费，小修、维护费及折旧费，即

$$U = \alpha \Delta A \times 10^{-4} + U_1 + U_2 \text{ 万元} \tag{3-17}$$

式中，α 为电能电价，可参考采用各地区的实际电价，单位为元/(kW·h)；ΔA 为变压器的年电能损耗，单位为 kW·h；U_1 为年小修、维护费，一般取 $(0.022～0.042)O$，单位为万元；U_2 为年折旧费，一般取 $0.058O$，单位为万元。

折旧费 U_2 是指在电力设施使用期间逐年缴回的建设投资，以及年大修费用。它和小修、维护费 U_1 都取决于电力设施的价值，所以，都以综合投资的百分数来计算。而 ΔA 与变压器的型式及负荷情况有关，其计算公式如下：

（1）对双绕组变压器，其 ΔA 为

$$\Delta A=n(\Delta P_0+K_Q\Delta Q_0)\sum_{i=1}^{m}t_i+\frac{1}{n}(\Delta P_k+K_Q\Delta Q_k)\sum_{i=1}^{m}\left(\frac{S_i}{S_N}\right)^2t_i\quad\mathrm{kW\cdot h}$$

$$\Delta Q_0=\frac{I_0\%}{100}S_N$$

$$\Delta Q_k=\frac{u_k\%}{100}S_N \tag{3-18}$$

式中，n 为相同变压器的台数；S_N 为变压器的额定容量，单位为 $\mathrm{kV\cdot A}$；ΔP_0、ΔP_k 为一台变压器的空载、短路有功损耗，单位为 kW；ΔQ_0、ΔQ_k 为一台变压器的空载、短路无功损耗，单位为 kvar；S_i 为在 t_i 小时内 n 台变压器的总负荷，单位为 $\mathrm{kV\cdot A}$；t_i 为对应于负荷 S_i 的运行时间，其中 $i=1$、2、$\cdots$、m，而 $\sum_{i=1}^{m}t_i$ 为全年实际运行时间，单位为 h；K_Q 为无功当量，即变压器每损耗 $1\ \mathrm{kvar}$ 的无功功率，在电力系统中所引起的有功功率损耗的增加值（kW），一般发电厂取 $0.02\sim0.04$，变电所取 $0.07\sim0.1$（二次变压取下限，三次变压取上限），单位为 $\mathrm{kW/kvar}$；$I_0\%$ 为一台变压器的空载电流百分数；$U_k\%$ 为一台变压器的短路电压百分数。

（2）对三绕组变压器，当容量比为 $100/100/100$、$100/100/50$、$100/50/50$ 时，其 ΔA 为

$$\Delta A=n(\Delta P_0+K_Q\Delta Q_0)\sum_{i=1}^{m}t_i+\frac{1}{2n}(\Delta P_k+K_Q\Delta Q_k)\sum_{i=1}^{m}\left(\frac{S_{i1}^2}{S_N^2}+\frac{S_{i2}^2}{S_N S_{N2}}+\frac{S_{i3}^2}{S_N S_{N3}}\right)t_i \tag{3-19}$$

式中，S_{N2}、S_{N3} 为第 2、3 绕组的额定容量，单位为 $\mathrm{kV\cdot A}$；S_{i1}、S_{i2}、S_{i3} 为在 t_1 小时内 n 台变压器第 1、2、3 侧的总负荷，单位为 $\mathrm{kV\cdot A}$。

$100/100/100$ 和 $100/100/50$ 的额定损耗是在第二绕组带额定负荷、第三绕组开路的情况下计算的；$100/50/50$ 的额定损耗是在第二、三绕组各带 $1/2$ 负荷（$1/2S_N$）的情况下计算的。其他参数含义同上。

3）经济比较方法

在参加经济比较的各方案中，O 和 U 均为最小的方案应优先选用。如果不存在这种情况，即虽然某方案的 O 为最小，但其 U 不是最小，或反之，则应进一步进行经济比较。我国采用的经济比较方法有下述两类。

（1）静态比较法。

静态比较法是以设备、材料和人工的经济价值固定不变为前提的，即不考虑建设期投资、运行期年运行费和效益的时间因素。它适合比较均采用一次性投资，并且装机程序相同，主体设备投入情况相近，装机过程在五年内完成的设计方案。其中，常用的是抵偿年限法。

设第一方案的综合投资 O_I 大，而年运行费 U_I 小；第二方案的综合投资 O_{II} 小，而年运行费 U_{II} 大。用抵偿年限 T 确定最优方案，即

$$T=\frac{O_I-O_{II}}{U_{II}-U_I} \tag{3-20}$$

式（3-20）表明，第一方案多投资的费用（分子）可以在 T 年内用少花费的年运行费（分母）予以抵偿。根据国家现阶段的经济政策，T 以 5 年为限，即如果 $T<5$ 年，选用 O 大的方

案；如果 $T > 5$ 年，则选用 O 小的方案。

（2）动态比较法。

动态比较法的依据是货币的经济价值随时间而改变，设备、材料和人工费用都随市场供求关系的变化而改变。一般，发电厂建设工期较长，各种费用的支付时间不同，发挥的效益也不同。所以，对建设期的投资、运行期的年费用和效益都要考虑时间因素，并按复利计算，用以比较在同等可比条件下的不同方案的经济效益。所谓同等可比条件，就是不同方案的发电量、出力等效益相同；电能质量、供电可靠性和提供时间能同等程度地满足系统或用户的需要；设备供应和工程技术现实可行；各方案用同一时间的价格指标，经济计算年限相同等。

电力工业推荐采用最小年费用法进行动态经济比较，年费用 AC 最小者为最佳方案。其计算方法是把工程施工期间各年的投资、部分投产及全部投产后各年的年运行费都折算到施工结束年，并按复利计算。

折算到第 m 年（施工结束年）的总投资 O（即第 m 年的本利和）为

$$O = \sum_{i=1}^{m} O_t (1+r_0)^{m-t} \quad \text{万元} \tag{3-21}$$

式中，t 为从工程开工这一年算起的年份（即开始投资年份），$t = 1 \sim m$，即分期投资；M 为工程施工结束（即全部投产）年份；O_t 为第 t 年的投资，单位为万元；r_0 为电力工业投资回收率，或称利润率，目前取 0.1。$(1+r_0)^{m-t}$ 称为整体本利和系数。

折算到第 m 年的年运行费 U 为

$$U = \frac{r_0(1+r_0)^n}{(1+r_0)^n - 1} \left[\sum_{t=t'}^{m} U_t (1+r_0)^{m-t} + \sum_{t=m+1}^{m+n} \frac{U_t}{(1+r_0)^{t-m}} \right] \quad \text{万元} \tag{3-22}$$

式中，t' 为工程部分投产年份；U_t 为第 t 年所需的年运行费，单位为万元；n 为电力工程的经济使用年限，其中水电厂取 50 年，火电厂和核电厂取 25 年，输变电取 $20 \sim 25$ 年，单位为年。

式（3-22）的第一项：$t = t' \sim m$，即从工程部分投产的第 t' 年到施工结束的第 m 年，各年的年运行费折算到第 m 年的值，称资金的现在值换算为等值的将来值；第二项 $t = m+1 \sim m+n$，即从工程全部投产后的第 $m+1$ 年到寿命结束的第 $m+n$ 年，各年的年运行费折算到第 m 年的值，称资金的将来值换算为等值的现在值，$\frac{1}{(1+r_0)^{t-m}}$ 称整付现在值系数，即，若第 $t-m$ 年需要的年运行费为 U_t，则现在（第 m 年）只需付给 $\frac{U_t}{(1+r_0)^{t-m}}$。

年费用 AC（平均分布在第 $m+1$ 到第 $m+n$ 年期间的 n 年内）为

$$AC = \left[\frac{r_0(1+r_0)^n}{(1+r_0)^n - 1} \right] O + U \tag{3-23}$$

式中，第一项的系数，称为投资回收系数。AC 最小的方案为经济上最优的方案。

5. 对最优方案进一步设计

（1）进行短路电流计算（见《电力系统分析》），为合理选择电气设备提供依据。

（2）选择、校验主要电气设备（见第 5 章）。

（3）绘制电气主接线图、部分施工图，撰写技术说明书和计算书。

思　考　题

（1）对电气主接线有哪些基本要求？

（2）主接线的基本形式有哪些？

（3）在主接线设计中有哪些限制短路电流的措施？

（4）主母线和旁路母线各起什么作用？设置旁路母线的原则是什么？

（5）绘出分段单母线带旁路（分段断路器兼作旁路断路器）的主接线图，并说明其特点及适用范围。

（6）绘出双母线的主接线图，并说明其特点及适用范围。

（7）绘出双母线带旁路（有专用旁路断路器）的主接线图，并写出检修出线断路器的原则性操作步骤。

（8）绘出一台半断路器（进出线各 3 回）的主接线图，并说明其特点及适用范围。

（9）绘出内、外桥的主接线图，并分别说明其特点及适用范围。

（10）发电厂和变电所主变压器的容量、台数及型式应根据哪些原则来选择？

（11）主接线设计的基本步骤是什么？

（12）某新建 110 kV 地区变电所，110 kV 侧初期有 2 回线接至附近发电厂，终期增加 2 回线接至一终端变电所；10 kV 侧电缆馈线 12 回，最大综合负荷 20 MW，经补偿后的功率因数为 0.92，重要负荷占 70%。试初步设计其初、终期的主接线（写出简要的设计说明，绘出主接线图），并选择主变压器。

（13）某新建火电厂有 2×50 MW ＋ 200 MW 三台发电机。50 MW 发电机 $U_N =$ 10.5 kV，$\cos\phi_G = 0.8$；200 MW 发电机 $U_N = 15.75$ kV，$\cos\phi_G = 0.85$；有 10 kV 电缆馈线 24 回，最大综合负荷 60 MW，最小负荷 40 MW，$\cos\phi = 0.8$；高压侧 220 kV 有 4 回线路与系统连接，不允许停电检修断路器；厂用电率 8%。试初步设计该电厂的主接线（写出简要的设计说明，绘出主接线图），并选择主变压器。

（14）某火电厂主接线设计中，初步选出两个技术性能基本相当的方案。两方案折算到施工结束年的总投资和年运行费分别为：第一方案 $O_I = 6950.94$ 万元，$U_I = 1181.66$ 万元，第二方案 $O_{II} = 7580.85$ 万元，$U_{II} = 1023.41$ 万元。取服务年限 $n = 25$ 年，投资回收率 $r_0 = 0.1$，试用最小年费用法确定最优方案。

（15）某新建 110 kV 地区变电所，110 kV 侧初期有 2 回线接至附近发电厂，终期增加 2 回线接至一终端变电所；10 kV 侧电缆馈线 12 回，最大综合负荷 20 MW，经补偿后的功率因数为 0.92，重要负荷占 70%。试初步设计其初、终期的主接线（写出简要的设计说明，绘出主接线图），并选择主变压器。

（16）某新建火电厂有 2×50 MW ＋ 200 MW 三台发电机。50 MW 发电机 $U_N =$ 10.5 kV，$\cos\phi_G = 0.8$；200 MW 发电机 $U_N = 15.75$ kV，$\cos\phi_G = 0.85$；有 10 kV 电缆馈线 24 回，最大综合负荷 60 MW，最小负荷 40 MW，$\cos\phi = 0.8$；高压侧 200 kV 有 4 回线路与系统连接，不允许停电检修断路器；厂用电器 8%。试初步设计该电厂的主接线（写出简要的设计说明，绘出主接线图），并选择主变压器。

(17) 某火电厂主接线设计中，初步选出两个技术性能基本相当的方案。两方案折算到施工结束年的总投资和年运行费分别为：第一方案 $Q_I = 6950.94$ 万元，$U_I = 1181.66$ 万元，第二方案 $Q_{II} = 7580.85$ 万元，$U_{II} = 1023.41$ 万元。取服务年限 $n = 25$ 年，投资回收率 $r_0 = 0.1$，试用最小年费用法确定最优方案。

第 4 章　载流导体的发热和电动力

导体的发热、电动力是本书的基本理论。电流通过导体时，会使导体发热，并受到电动力的作用。本章着重介绍导体发热和散热的基本原理，导体在正常工作时的长期发热和短路时的短时发热的特点及有关计算；分析导体短路时的电动力。

4.1　载流导体的发热

4.1.1　概述

导体和电器，在运行中常遇到两种工作状态：

（1）正常工作状态，即电压和电流都不超过额定值的允许偏移范围，正常工作状态是一种长期工作状态。

（2）短路工作状态，即系统发生短路故障至故障切除的短时间内的工作状态，故障将引起电流突然增加，短路电流要比额定电流大几倍甚至几十倍。

1. 正常电流引起的导体发热

（1）电流通过导体和电器时引起的发热主要是由有功功率损耗产生的，这些损耗包括以下三种。

① 在导体电阻和接触连接部分的电阻中产生的损耗。

② 在设备的绝缘材料中产生的介质损耗。

③ 在交变电磁场的作用下，在导体周围的金属构件（特别是铁磁物质）中产生的涡流和磁滞损耗。

这些损耗变成热能，使导体和电器的温度升高，致使材料的物理和化学性能变坏。

（2）按流过电流的大小和时间可将发热分为长期发热和短时发热两类。

① 长期发热是指正常工作电流长期通过引起的发热。长期发热的热量，一部分散到周围介质中去，另一部分使导体的温度升高。

② 短时发热是指短路电流通过时引起的发热。虽然短路的时间不长，但短路电流很大，发热量很大，而且来不及散到周围介质中去，使导体的温度迅速升高。

（3）发热将对导体和电器产生不良的影响。

① 机械强度下降。金属材料温度升高时，会退火软化，当温度超过允许值时，会引起机械强度显著下降。例如，铝导体长期发热超过 100℃ 或短时发热超过 150℃ 时，其抗拉强度将急剧下降。

② 接触电阻增加。当温度过高时，导体接触连接处的表面将强烈氧化，产生高电阻率的氧化层薄膜，同时弹簧的弹性和压力下降，使接触电阻增加，温度便进一步升高，因而可

能导致接触处松动或烧熔。

③ 绝缘性能下降。有机绝缘材料(如棉、丝、纸、木材、橡胶等)长期受高温作用时,将逐渐老化,即逐渐失去其机械强度和电气强度。老化的速度与发热温度有关。

2. 短路电流引起的导体发热

导体短路时,虽然时间不长,但短路电流很大,发热量仍然很大。这些热量在极短时间内不容易散出,于是导体的温度迅速升高。此外,导体还受到电动力的作用。如果电动力超过允许值,将使导体变形或损坏。由此可见,发热和电动力是运行中必须注意的问题。

为了保证导体可靠地工作,必须使其发热温度不得超过一定数值,这个限值叫做最高允许温度。

按照有关规定,导体的正常最高允许温度一般不超过+70℃。在顾及太阳辐射(日照)的影响时,钢芯铝绞线及管形导体,可按不超过+80℃来考虑。当导体接触面处有镀(搪)锡的可靠覆盖层时,可提高到+85℃。导体通过短路电流时,短时最高允许温度可高于正常最高允许温度,对硬铝及铝锰合金可取 220℃,硬铜可取 320℃。

4.1.2 载流导体的长期发热

一、导体的温升过程

导体的发热计算是基于能量守恒原理的,一般说来,发热过程的关系为

$$Q_R + Q_s = Q_w + (Q_c + Q_r + Q_d)$$

即导体电阻损耗所产生的热量及吸收太阳热量的和($Q_R + Q_s$),一部分(Q_w)用于本身温度升高,另一部分($Q_c + Q_r + Q_d$)以热传递的形式散失出去。

有遮阳措施的导体,可不考虑日照热量 Q_s 的影响;散热部分的导热量 Q_d 很小,亦可忽略不计。另外,工程上为了便于分析计算,常把辐射换热量 Q_r 表示成与对流换热量 Q_c 相似的形式,并用一个总换热系数 α 及总的换热面积 F 来表示两种换热作用。设导体在发热过程中的温度为 θ,则

$$Q_c + Q_r = \alpha(\theta - \theta_0)F \quad \text{W/m} \tag{4-1}$$

于是,热平衡方程为

$$Q_R = Q_w + (Q_c + Q_r) = Q_w + \alpha(\theta - \theta_0)F \quad \text{W/m} \tag{4-2}$$

设导体通过电流时,t 时刻的温度为 θ,则温升为 $\tau = \theta - \theta_0$;在时间 dt 内的热平衡微分方程为

$$I^2 R dt = mc d\tau + \alpha F \tau dt \quad \text{J/m} \tag{4-3}$$

式中,m 为单位长度导体的质量,kg/m;c 为导体的比热容,J/(kg·℃);其他量的含义如前所述。

当导体通过正常工作电流时,其温度变化范围不大,故忽略温度对 R、c、α 的影响,即认为 R、c、α 为常量。

式(4-3)为"可分离变量一阶微分方程",可改变为

$$dt = -\frac{mc}{\alpha F \tau - I^2 R} d\tau \tag{4-4}$$

设 $t = 0$ 时,初始温升为 $\tau_i = \theta_i - \theta_0$。对式(4-4)进行积分,当时间由 $0 \to t$ 时,温升由 $\tau_i \to \tau$,得

$$\int_0^t \mathrm{d}t = -\int_{\tau_i}^{\tau} \frac{mc \cdot \dfrac{1}{\alpha F}}{\alpha F \tau - I^2 R} \mathrm{d}(\alpha F \tau - I^2 R)$$

解得

$$t = -\frac{mc}{\alpha F} \ln \frac{\alpha F \tau - I^2 R}{\alpha F \tau_i - I^2 R}$$

$$\tau = \frac{I^2 R}{\alpha F}(1 - \mathrm{e}^{-\frac{\alpha F}{mc}t}) + \tau_i \mathrm{e}^{-\frac{\alpha F}{mc}t} \qquad (4-5)$$

当 $t \to \infty$ 时，导体温度趋于 θ_w，温升趋于稳定值 τ_w，即

$$\tau_w = \frac{I^2 R}{\alpha F} \qquad (4-6)$$

τ_w 与电阻功耗 $I^2 R$ 成正比，与导体的散热能力 αF 成反比，而与起始温升 τ_i 无关。式(4-6)可写成 $I^2 R = \alpha F \tau_w$，即达到稳定温升时，导体产生的全部热量都散失到周围介质中去。

$$T_t = \frac{mc}{\alpha F} \quad \mathrm{s} \qquad (4-7)$$

T_t 称为导体的发热时间常数，它表示发热过程进行的快慢，与导体热容量 mc 成正比，与导体的散热能力 αF 成反比，且与电流 I 无关。对一般铜、铝导体，T_t 约为 10～20 s。

将式(4-6)及式(4-7)代入式(4-5)，得

$$\tau = \tau_w(1 - \mathrm{e}^{-\frac{t}{T_t}}) + \tau_i \mathrm{e}^{-\frac{t}{T_t}} \qquad (4-8)$$

式(4-5)及式(4-8)表明，导体的温升按指数函数增长。如图 4-1 所示，当 $t = (3 \sim 4)T_t$ 时，τ 已趋于稳定温升 τ_w。

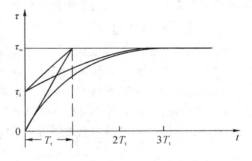

图 4-1　导体温升 τ 的变化曲线

二、导体的载流量

由式(4-6)可得

$$I^2 R = \alpha F \tau_w = \alpha F(\theta_w - \theta_0) = Q_c + Q_r$$

故未考虑日照影响时，导体的载流量为

$$I = \sqrt{\frac{Q_c + Q_r}{R}} \quad \mathrm{A} \qquad (4-9)$$

对于屋外导体，计及日照影响时的载流量为

$$I = \sqrt{\frac{Q_c + Q_r - Q_s}{R}} \quad \mathrm{A} \qquad (4-10)$$

若已知导体的材料、截面形状、尺寸、布置方式，并取 θ_w 等于正常最高允许温度（70℃），取 θ_0 等于基准环境温度（25℃），可求得 R、Q_c、Q_r，从而可由式(4-9)求得无日照的 I。我国生产的各类导体均已标准化、系列化，其允许电流 I 已由有关部门经计算、试验得出，并列于有关手册上，使用时只要查表选用即可。矩形、槽形导体长期允许载流量，见附表 2-1 及附表 2-2。

由式(4-9)及式(4-10)可知，为提高导体的载流量，可采取下列措施。

(1) 减小导体电阻 R。① 采用电阻率（ρ）小的材料，如铜、铝、铝合金等；② 减小接触

电阻，如接触面镀锡、银等；③ 增加截面积 S，但 S 增加到一定程度时，K_s 随 S 的增加而增加，故单根标准矩形导体的 S 不大于 1250 mm²，单根导体不满足要求时，可采用 2～4 根导体，或采用槽形、管形导体。

（2）增大导体的换热面 F。同样截面积 S 下，实心圆形导体的表面积最小，而矩形、槽形导体的表面积较大。

（3）提高换热系数 α。① 导体的布置尽量采用散热最佳的方式，如矩形导体竖放较平放散热效果好；② 屋内配电装置的导体表面涂漆，可提高辐射系数 ε，从而提高辐射散热能力，但屋外配电装置的导体不宜涂漆，应保留光亮表面，以减少对日照热量的吸收；③ 采用强迫冷却。

4.1.3 载流导体的短时发热

本节分析短路开始至短路故障切除的很短一段时间内导体的发热过程。进行短时发热计算的目的是：确定导体通过短路电流时的最高温度（短路故障切除时的温度）是否超过短时最高允许温度，若不超过，则称导体满足热稳定，否则就是不满足热稳定。

一、短时发热过程

导体短时发热不同于长期发热，其特点如下。

（1）短路电流大，持续时间很短，导体内产生很大的热量，来不及散到周围介质中去，因而，可以认为在短路持续时间内，导体产生的全部热量都用来使导体温度升高。

（2）短路时，导体温升很高，它的电阻 R、比热容 c 不能再视为常量，而是温度的函数。

据此，导体短时发热过程的热平衡关系是

$$Q_R = Q_W \quad \text{W/m} \tag{4-11}$$

热平衡微分方程为

$$i_{kt}^2 R_0 \mathrm{d}t = mc\mathrm{d}\theta \quad \text{J/m} \tag{4-12}$$

$$R_\theta = \frac{K_s \rho_0 (1+\alpha\theta)}{S} \quad \Omega/\text{m}$$

$$m = \rho_w S \quad \text{kg/m}$$

$$c_\theta = c_0 (1+\beta\theta) \quad \text{J/(kg} \cdot \text{℃)}$$

式中，i_{kt} 为短路全电流瞬时值，单位为 A；R_θ 为 θ ℃时单位长度导体的电阻，单位为 Ω/m；K_s 为导体的集肤系数；ρ_0 为 0℃时导体的电阻率，单位为 $\Omega \cdot$ m；α 为 ρ_0 的温度系数，单位为 ℃⁻¹；S 为导体的截面积，单位为 m²；M 为单位长度导体的质量，单位为 kg/m；ρ_w 为导体材料的密度，单位为 kg/m³，其中铜为 8.9×10^3 kg/m³，铝为 2.7×10^3 kg/m³；C_θ 为 θ℃时导体的比热容，单位为 J/(kg · ℃)；C_0 为 0℃时导体的比热容，单位为 J/(kg · ℃)；β 为 C_0 的温度系数，单位为 ℃⁻¹。

将 R_0、m、C_θ 的表达式代入式（4-12）并整理得

$$\frac{K_s}{S^2} i_{kt}^2 \mathrm{d}t = \frac{c_0 \rho_w}{\rho_0} \left(\frac{1+\beta\theta}{1+\alpha\theta} \right) \mathrm{d}\theta \tag{4-13}$$

设时间由 0 到 t_k（t_k 为短路切除时间）时，导体由初始温度 θ_i 升高到最终温度 θ_f，有

$$t_k = t_{pr} + t_{ab} \quad \text{s}$$

式中，t_{pr} 为距短路点最近的断路器的后备继电保护动作时间，单位为 s；t_{ab} 为断路器全开断

时间，单位为 s。

最严重的情况是，短路前导体已满负荷工作，θ_i 已达到正常最高允许发热温度。

对式（4-13）两边积分得

$$\frac{K_s}{S^2}\int_0^{t_k} i_{kt}^2 \mathrm{d}t = \frac{c_0 \rho_w}{\rho_0}\int_{\theta_i}^{\theta_f}\frac{1+\beta\theta}{1+\alpha\theta}\mathrm{d}\theta \qquad (4-14)$$

右边积分为

$$\frac{c_0 \rho_w}{\rho_0}\int_{\theta_i}^{\theta_f}\frac{1+\beta\theta}{1+\alpha\theta}\mathrm{d}\theta = \frac{c_0 \rho_w}{\rho_0}\left(\int_{\theta_i}^{\theta_f}\frac{1}{1+\alpha\theta}\mathrm{d}\theta + \int_{\theta_i}^{\theta_f}\frac{\beta\theta}{1+\alpha\theta}\mathrm{d}\theta\right)$$

$$= \frac{c_0 \rho_w}{\rho_0}\left[\frac{\alpha-\beta}{\alpha^2}\ln(1+\alpha\theta_f)+\frac{\beta}{\alpha}\theta_f\right]-\frac{c_0 \rho_w}{\rho_0}\left[\frac{\alpha-\beta}{\alpha^2}\ln(1+\alpha\theta_i)+\frac{\beta}{\alpha}\theta_i\right]$$

$$= A_f - A_i$$

其中，

$$A_f = \frac{c_0 \rho_w}{\rho_0}\left[\frac{\alpha-\beta}{\alpha^2}\ln(1+\alpha\theta_f)+\frac{\beta}{\alpha}\theta_f\right]$$

$$A_i = \frac{c_0 \rho_w}{\rho_0}\left[\frac{\alpha-\beta}{\alpha^2}\ln(1+\alpha\theta_i)+\frac{\beta}{\alpha}\theta_i\right]$$

可见 A_f、A_i 的形式完全相同，写成一般形式为

$$A = \frac{c_0 \rho_w}{\rho_0}\left[\frac{\alpha-\beta}{\alpha^2}\ln(1+\alpha\theta)+\frac{\beta}{\alpha}\theta\right] \quad \mathrm{J}/(\Omega\cdot\mathrm{m}^4) \qquad (4-15)$$

为了简化计算，可按式（4-15）作出常用材料的 $\theta = f(A)$ 曲线，如图 4-2 所示。

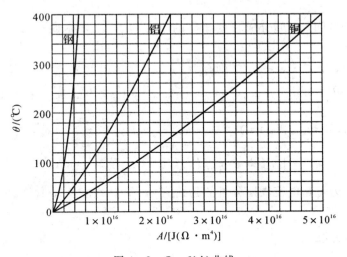

图 4-2　$Q = f(A)$ 曲线

式（4-14）左边的 $\int_0^{t_k} i_{kt}^2 \mathrm{d}t$ 与短路电流 i_{kt} 产生的热量成正比，称为短路电流的热效应（或热脉冲），用 Q_k 表示，即

$$Q_k = \int_0^{t_k} i_{kt}^2 \mathrm{d}t \quad \mathrm{A}^2\cdot\mathrm{s} \qquad (4-16)$$

$$\frac{1}{S^2}Q_k K_s = A_f - A_i \quad \mathrm{J}/(\Omega\cdot\mathrm{m}^4) \qquad (4-17)$$

于是，式（4-14）可写成

$$\frac{1}{S^2}Q_k K_s = A_f - A_i \quad J/(\Omega \cdot m^4) \tag{4-18}$$

二、热效应 Q_k 的计算

短路全电流瞬时值 i_{kt} 的表达式为

$$i_k t = \sqrt{2}\,I_{pt}\cos\omega t + i_{np0}\,e^{-\frac{t}{T_a}} \quad kA \tag{4-19}$$

式中，I_{pt} 为对应时刻 t 的短路电流周期分量有效值，单位为 kA；I_{np0} 为短路电流非周期分量起始值，单位为 kA，而 $i_{np0}=-\sqrt{2}\,I''$；T_a 为非周期分量衰减时间常数，单位为 s。

将 i_{kt} 表达式代入式(4-17)，得

$$Q_k = \int_0^{t_k} i_{kt}^2\,dt = \int_0^{t_k}\left(\sqrt{2}\,I_{pt}\cos\omega t + i_{np0}\,e^{-\frac{t}{T_a}}\right)^2 dt$$

$$\approx \int_0^{t_k} s I_{pt}^2\,dt + \frac{T_a}{2}\left(1-e^{-\frac{2t_k}{T_n}}\right)i_{np0}^2$$

$$= Q_p + Q_{np} \quad (kA)^2 \cdot s \tag{4-20}$$

分别对周期分量和非周期分量热效应 Q_p、Q_{np} 进行计算。

1. Q_p 的计算

由数学知道，任意曲线 $y=f(x)$ 的定积分可用辛普森法（即抛物线法）近似计算，即

$$\int_a^b f(x)\,dx = \frac{b-a}{3n}\left[(y_0+y_n)+2(y_2+y_4+\cdots+y_{n-2})+4(y_1+y_3+\cdots+y_{n-1})\right] \tag{4-21}$$

式中，n 为把积分区间 $[a,b]$ 分成长度相等的小区间数（必须是偶数）；y_i 为函数值（$i=1$，$2,\cdots,n$）。

令 $n=4$，且认为 $y_1+y_3=2y_2$，则有

$$\int_a^b f(x)\,dx = \frac{b-a}{12}\left[(y_0+y_n)+2y_2+4(y_1+y_3)\right] = \frac{b-a}{12}(y_0+10y_2+y_n)$$

计算 Q_p 时，$a=0$，$b=t_k$，$f(x)=I_{pt}^2$，$dx=dt$，$y_0=I''^2$，$Y_2=I_{\frac{t_k}{2}}^2$，$y_4=I_{t_k}^2$，则

$$Q_p = \int_0^{t_k} I_{pt}^2\,dt = \frac{t_k}{12}\left(I''^2+10I_{\frac{t_k}{2}}^2+I_{t_k}^2\right) \quad (kA)^2 \cdot s \tag{4-22}$$

式中，I''、$I_{\frac{t_k}{2}}$、I_{t_k} 为短路电流周期分量的起始值、$t_k/2$ 时刻值及 t_k 时刻值。

2. Q_{np} 计算

由式(4-20)可得

$$Q_{np} = \frac{T_a}{2}\left(1-e^{-\frac{2t_k}{T_a}}\right)i_{np0}^2 = \frac{T_a}{2}\left(1-e^{-\frac{2t_k}{T_a}}\right)\left(-\sqrt{2}\,I''\right)^2$$

$$= T_a\left(1-e^{-\frac{2t_k}{T_n}}\right)I''^2 = TI''^2 \quad (kA)^2 \cdot s \tag{4-23}$$

式中，T 为非周期分量的等效时间，单位为 s。它与短路点及 t_k 有关，可由表 4-1 查得。

如果 $t_k>1$ s，则导体的发热主要由周期分量来决定，可以不计及非周期分量的影响，即

$$Q_k \approx Q_p \quad (kA)^2 \cdot s \tag{4-24}$$

注意，在将 Q_k 代入式(4-18)时，应乘以 10^6，将其单位变成(A² · s)。

表 4-1　非周期分量的等效时间 T

短 路 点	T/s	
	$t_k \leqslant 0.1\ s$	$t_k > 0.1\ s$
发电机出口及母线	0.15	0.2
发电机升高电压母线及出线 发电机电压电抗器后	0.08	0.1
变电所各级电压母线及出线	0.05	

例 4-1　某变电所的汇流铝锰合金母线规格为 $80\ mm \times 10\ mm$，其集肤系数 K_s 为 1.05，在正常最大负荷时，母线的温度为 $65℃$，铝锰合金材料对应的 $A_i = 0.5 \times 10^{16}\ J/(\Omega \cdot m^4)$。继电保护动作时间 t_{pr} 为 1.5 s，断路器全开断时间 t_{ab} 为 0.1 s，短路电流 $I'' = I_{0.8} = I_{1.6} = 20.5\ kA$。试计算母线的热效应，并判断导体是否满足热稳定性的要求（铝锰合金导体最高允许温度为 $200℃$，$A < 1 \times 10^{16}\ J/(\Omega \cdot m^4)$ 时，$\theta < 200℃$）。

解　（1）计算热效应 Q_K：

短路电流通过的时间为：$t_K = t_{pr} + t_{ab} = 1.5 + 0.1 = 1.6\ s$。

由于 $t_K > 0.1\ s$，可不计非周期分量的影响，即

$$Q_k = Q_p = \frac{t_k}{12}(I''^2 + 10I_{\frac{t_k}{2}}^2 + I_{t_k}^2) = \frac{1.6}{12} \times 12 \times 20.5^2 = 672.4 \quad (kA)^2 \cdot s$$

（2）由 $\theta_i = 65℃$。查曲线得：$A_i = 0.5 \times 10^{16}\ J/(\Omega \cdot m^4)$。

（3）求 A_f。

$$A_f = \frac{1}{S^2}Q_k K_s + A_i = \frac{672.4 \times 10^6 \times 1.05}{(0.08 \times 0.01)^2} + 0.5 \times 10^{16} \approx 0.61 \times 10^{16}\ J/(\Omega \cdot m^4)$$

查曲线得 $\theta_f = 80\ ℃ < 200\ ℃$，故满足热稳定。

4.2　载流导体短路时的电动力

4.2.1　概述

载流导体之间的相互作用力称为电动力。当载流导体在磁场中时，将受到电磁作用力。此磁场可能是邻近的另一载流导体产生的，也可能是曲折形载流导体本身的其他部分产生的。所以在配电装置中，许多地方都存在着电磁作用力。

正常工作电流所产生的电动力不大，但短路冲击电流所产生的电动力可达很大的数值，可能导致导体或电器发生变形或损坏。导体或电器必须能承受这一作用力，才能可靠地工作。为此，必须研究短路冲击产生的电动力大小和特征。

进行电动力计算的目的，是为了校验导体或电器实际所受到的电动力是否超过其允许应力，以便选择适当强度的电气设备。这种校验称为动稳定校验。

配电装置的导体多是平行布置的，所以在分析三相系统之前，要分析两平行载流导体之间的电动力，了解电动力的计算方法，同时给出垂直导体间电动力的结论公式。

4.2.2 两条平行细长导体间的电动力

一、单根载流导体在外磁场 B 中所受到的电动力

如图 4-3 所示，长度为 L（单位为 m）的导体流过电流 i（单位为 A）。取一元长度 dx，并设该处的外磁场磁感应强度为 B（单位为 T），dx 与 B 的夹角为 β，则 dx 上所受到的电动力为

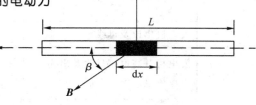

图 4-3 dx 上的电动力

$$dF = iB\sin\beta dx \quad \text{N} \qquad (4-25)$$

由右手螺旋定则，可知 dF 方向朝上并垂直于 dx 和 B 所组成的平面。

导体全长 L 上所受到的电动力为

$$F = \int_0^L iB\sin\beta dx \quad \text{N} \qquad (4-26)$$

B 通常是由别的载流导体所产生，所以，在求取 F 之前，需用毕奥-沙瓦定律求出 B。

二、两条有限细长平行载流导体间的电动力

如图 4-4 所示，设处于空气中的两导体的电流分别为 i_1 和 i_2，长度为 L，直径为 d，中心距离为 a，并且 $L \gg a \gg d$，于是，导体中的电流可看作集中在轴线上。

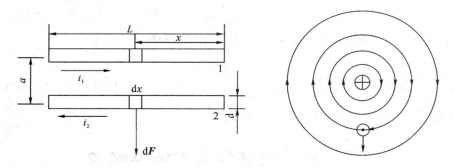

图 4-4   两条有限细长平行导体间的电动力

由电工原理可知，导体 1 在导体 2 的元线段 dx 处产生的磁感应强度 B 为

$$B = \frac{i_1}{a}\left[\frac{L-x}{\sqrt{(L-x)^2+a^2}} + \frac{x}{\sqrt{x^2+a^2}}\right] \times 10^{-7} \quad \text{T} \qquad (4-27)$$

dx 上所受到的电动力可由式（4-25）求得。因导体 2 与 B 的方向垂直，故 $\sin\beta=1$，有

$$dF = i_2 B dx \quad \text{N}$$

导体 2 全长所受到的电动力为

$$\begin{aligned}
F &= \int_0^L dF = \frac{i_1 i_2}{a} \times 10^{-7} \int_0^L \left[\frac{L-x}{\sqrt{(L-x)^2+a^2}} + \frac{x}{\sqrt{x^2+a^2}}\right]dx \\
&= \frac{i_1 i_2}{a} \times 10^{-7}\left[\sqrt{x^2+a^2} - \sqrt{(L-x)^2+a^2}\right]_0^L \\
&= 2 \times 10^{-7}\frac{L}{a}i_1 i_2 \quad \text{N} \qquad (4-28)
\end{aligned}$$

同理，导体 1 也受到同样大小的电动力。

F 的方向取决于 i_1 和 i_2 方向，i_1 和 i_2 同方向时相吸，反方向时相斥。

沿导体全长的电动力分布是不均匀的，导体的中间部分电动力较大，两端较小。

三、考虑导体截面形状和尺寸时两平行导体间的电动力

导体的截面形状有矩形、圆形、管形、槽形等。在计算电动力时，可以把它们看成由很多无限小的平行细丝组成，再推导求解（需用重积分）。各种截面导体的电动力公式与式 (4-28) 相似，但比式 (4-28) 多乘一个考虑截面因素的形状系数 K_f（表示实际导体的电动力与细长导体电动力之比），即

$$F = 2 \times 10^{-7} \frac{L}{a} i_1 i_2 K_f \quad \text{N} \tag{4-29}$$

对矩形导体（见图 4-5），可以证明

$$K_f = \int_{-\frac{b}{2}}^{\frac{b}{2}} dx \int_{-\frac{b}{2}}^{\frac{b}{2}} \left\{ \frac{2}{h} \arctan \frac{h}{a+x-y} - \frac{a+x-y}{h^2} \ln\left[1 + \frac{h^2}{(a+x-y)^2} \right] \right\} dy \tag{4-30}$$

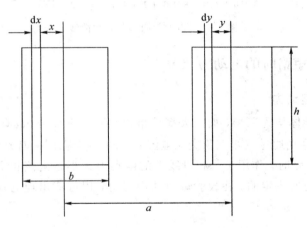

图 4-5　矩形导体间的电动力

式 (4-30) 中，b 表示与力方向相同的矩形截面的一个边（不一定是短边）；h 表示与力方向垂直的另一个边（不一定是长边）。这个积分较复杂，其结果表明 K_f 是 b/h 和 $\dfrac{(a-b)}{(h+b)}$ 的函数，制成的 $K_f = f\left(\dfrac{b}{h}, \dfrac{a-b}{h+b}\right)$ 曲线，即矩形截面形状系数曲线如图 4-6 所示。

由图 4-6 可知：当 $b/h=1$，即导体截面为正方形时，$K_f \approx 1$；当 $b/h > 1$，即导体平放时，$K_f > 1$；当 $b/h < 1$，即导体竖放时，$K_f < 1$；当 $(a-b)/(h+b)$ 增大（即加大导体间的净距）时，$K_f \rightarrow 1$；当 $(a-b)/(h+b) \geqslant 2$，即 $a-b \geqslant 2(h+b)$，亦即导体间净距等于或大于截面周长时，$K_f \approx 1$。当求同相条间电动力时，力的方向总是与短边相同，所以总是查图 4-6 的下部曲线。

说明：

① 对圆形、管形导体，一般取 $K_f = 1$。

② 对槽形导体，在计算相间和同相条间电动力时，一般均取 $K_f \approx 1$。

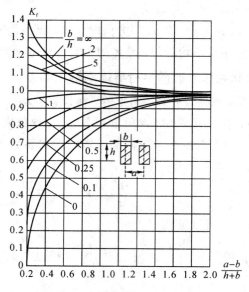

图 4 - 6　矩形截面形状系数曲线

4.2.3　三相导体短路时的电动力

一、短路时的电动力

配电装置中的导体均为三相，而且大都是布置在同一平面内（也有三角形布置的），如图 4-7 所示。母线分别通过三相正弦交流电流 i_U、i_V、i_W，在同一时刻，各相电流是不相同的。发生对称三相短路时，作用于每相母线上的电动力大小是由该相母线的电流与其他两相电流的相互作用力所决定的。在校验母线动稳定时，用可能出现的最大电动力作为校验的依据。

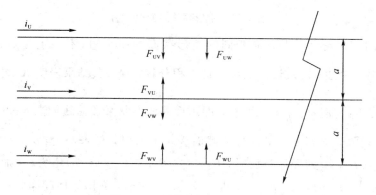

图 4-7　对称三相短路电动力

三相短路时，U 相短路电流瞬时值的表达式为

$$i_U = \sqrt{2}\,I_{pt}\sin(\omega t + \phi_U) + i_{np0}\,e^{-\frac{t}{T_a}}\sin\phi_U$$

式中，ϕ_U 为 U 相短路电流的初相角；T_a 为短路电流非周期分量的衰减时间常数，单位为 s。

因短路电流冲击值发生在短路后极短的时间内（$t=0.01$ s），所以，计算三相短路电动力时，不考虑周期分量 I_{pt} 的衰减，而取 $I_{pt}=I''$。另外，注意到 $i_{np0}=-\sqrt{2}\,I''$，于是三相短路电流为

$$
\left.
\begin{aligned}
i_U &= I_m\left[\sin(\omega t+\phi_U)-e^{-\frac{t}{T_a}}\sin\phi_U\right]\\
i_V &= I_m\left[\sin\left(\omega t+\phi_U-\frac{2}{3}\pi\right)-e^{-\frac{t}{T_a}}\sin\left(\phi_U-\frac{2}{3}\pi\right)\right]\\
i_W &= I_m\left[\sin\left(\omega t+\phi_U+\frac{2}{3}\pi\right)-e^{-\frac{t}{T_a}}\sin\left(\phi_U+\frac{2}{3}\pi\right)\right]
\end{aligned}
\right\}
\tag{4-31}
$$

式中，I_m 为短路电流周期分量最大值，单位为 A，$I_m=\sqrt{2}\,I''$。

设三相导体布置在同一平面上，长度均为 L，U、V 及 V、W 相间距离为 a，U、W 相间距离为 $2a$。三相短路时，中间相（V 相）和外边相（U、W 相）的受力情况是不同的。在假定电流正向下，各相导体受力方向如图 4-7 所示，其中 F_{VU} 表示 V 相受到 U 相的作用力，其余类同。计算中，取形状系数 $K_f=1$。

由式（4-29）得作用在中间相（V 相）及外边相（U 相或 W 相）的电动力分别为

$$
F_V=F_{VU}-F_{VW}=2\times10^{-7}\frac{L}{a}(i_V i_U-i_V i_W)
\tag{4-32}
$$

$$
F_U=F_{UV}+F_{UW}=2\times10^{-7}\frac{L}{a}(i_U i_V+0.5i_U i_W)
\tag{4-33}
$$

将式（4-31）代入式（4-32）及式（4-33）中，并利用三角公式（和差化积、积化和差）进行变换得

$$
F_V=2\times10^{-7}\frac{L}{a}I_m^2\left[\frac{\sqrt{3}}{2}e^{-\frac{2t}{T_a}}\sin\left(2\phi_U-\frac{\pi}{3}\right)-\sqrt{3}e^{-\frac{t}{T_a}}\sin\left(\omega t+2\phi_U-\frac{\pi}{3}\right)+\frac{\sqrt{3}}{2}\sin\left(2\omega t+2\phi_U-\frac{\pi}{3}\right)\right]
\tag{4-34}
$$

$$
\begin{aligned}
F_U=2\times10^{-7}\frac{L}{a}I_m^2\Bigg\{&\frac{3}{8}+\left[\frac{3}{8}-\frac{\sqrt{3}}{4}\cos\left(2\phi_U+\frac{\pi}{6}\right)\right]e^{-\frac{2t}{T_a}}\\
&-\left[\frac{3}{4}\cos\omega t-\frac{\sqrt{3}}{2}\cos\left(\omega t+2\phi_U+\frac{\pi}{6}\right)\right]e^{-\frac{t}{T_a}}\\
&-\frac{\sqrt{3}}{4}\cos\left(2\omega t+2\phi_U+\frac{\pi}{6}\right)\Bigg\}
\end{aligned}
\tag{4-35}
$$

可见，F_V、F_U 为 ϕ_U 和 t 的函数。三相短路时，导体间的电动力由 4 个分量组成：

（1）固定分量。该分量由短路电流周期分量相互作用产生（F_V 没有固定分量）。

（2）按 $T_a/2$ 衰减的非周期分量。该分量由短路电流非周期分量相互作用产生。

（3）按 T_a 衰减的工频（ω）分量。该分量由短路电流周期和非周期分量相互作用产生。

（4）不衰减的 2 倍工频（2ω）分量。该分量由短路电流周期分量相互作用产生。

二、电动力的最大值

（1）三相短路电动力的最大值。

短路电流冲击值发生在短路后 $t=0.01$ s 时，T_a 取平均值 0.05 s，$\omega=2\pi f=100\pi$，将这些参数值代入式（4-34）及式（4-35）中，得

$$
F_V=2\times10^{-7}\frac{L}{a}I_m^2\times2.8646\sin\left(2\phi_U-\frac{\pi}{3}\right)
\tag{4-36}
$$

$$F_U = 2 \times 10^{-7} \frac{L}{a} I_m^2 \times \left[1.2404 - 1.4324\cos\left(2\phi_U + \frac{\pi}{6}\right)\right] \qquad (4-37)$$

所以，电动力出现最大值（绝对值）的条件是：对于 F_V，应满足 $\sin\left(2\phi_U - \frac{\pi}{3}\right) = \pm 1$，即 $2\phi_U - \frac{\pi}{3} = \pm \frac{(2n-1)\pi}{2}$，其中 $n=1$，2，$\cdots$，$\phi_U = 75°$、$165°$、$255°$、$\cdots$；对于 F_U，应满足 $\cos\left(2\phi_U + \frac{\pi}{6}\right) = -1$，即 $2\phi_U + \frac{\pi}{6} = (2n-1)\pi$，其中 $n=1$、2、$\cdots$，$\phi_U = 75°$、$255°$、$\cdots$。满足该条件的相角（ϕ）称为临界初相角。

可知，F_U，F_V 共有的小于 $\pi/2$ 的临界初相角为 $75°$。

将 $\phi_U = 75°$ 及 $T_a = 0.05 \text{ s}$ 代入式（4-34）及式（4-35），得

$$F_V = 2 \times 10^{-7} \frac{L}{a} I_m^2 \left(0.866e^{-\frac{2t}{0.05}} - 1.732e^{-\frac{t}{0.05}}\cos\omega t + 0.866\cos 2\omega t\right) \qquad (4-38)$$

$$F_U = 2 \times 10^{-7} \frac{L}{a} I_m^2 \left(0.375 + 0.808e^{-\frac{2t}{0.05}} - 1.616e^{-\frac{t}{0.05}}\cos\omega t + 0.433\cos 2\omega t\right) \quad (4-39)$$

由公式可知，F_U 的 4 个分量及合力 F_U^* 随时间 t 的变化曲线如图 4-8 所示，图中 $F_U^* = \frac{F_U}{AI_m^2}$，$A = 2 \times 10^{-7} \frac{L}{a}$，合力 F_U^* 和 F_V^* 随时间 t 的变化曲线如图 4-9 所示。

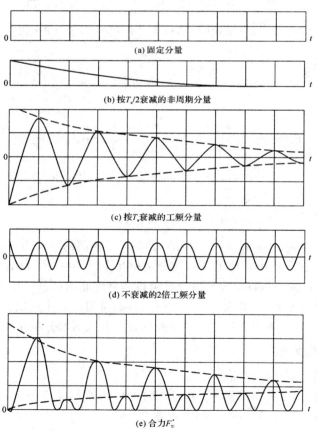

(a) 固定分量

(b) 按 $T_a/2$ 衰减的非周期分量

(c) 按 T_a 衰减的工频分量

(d) 不衰减的2倍工频分量

(e) 合力 F_U^*

图 4-8 三相短路时 U 相电动力的各分量及其合力 F_U^*

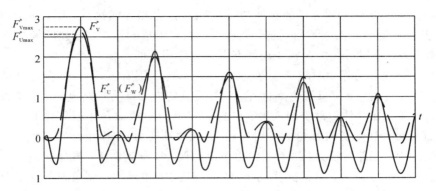

图 4-9　合力 F_U^* 和 F_V^* 随时间 t 的变化曲线

由于短路冲击电流 $i_{sh}=1.82\sqrt{2}I''=1.82I_m$，故 $I_m=i_{sh}/1.82$。将 $I_m=i_{sh}/1.82$ 及 $\phi_U=75°$ 代入式（4-36）及式（4-37）中，或将 $I_m=i_{sh}/1.82$ 及 $t=0.01$ s 代入式（4-38）及式（4-39）中，均可得到电动力最大值表达式，即

$$F_{Vmax}=1.73\times10^{-7}\frac{L}{a}i_{sh}^2 \quad N \tag{4-40}$$

$$F_{Umax}=1.62\times10^{-7}\frac{L}{a}i_{sh}^2 \quad N \tag{4-41}$$

可见，三相短路时，$F_{Vmax}>F_{Umax}$。

（2）两相短路与三相短路最大电动力的比较。

当同一地点发生两相短路时，短路的两相流过同一冲击电流 $i_{sh}^{(2)}$，受到同样大的电动力，而且该电动力也包含 4 个分量。

由于，

$$i_{sh}^{(2)}=1.82\sqrt{2}I''^{(2)}=1.82\sqrt{2}\cdot\frac{\sqrt{3}}{2}I''=\frac{\sqrt{3}}{2}i_{sh}$$

所以

$$F_{max}^{(2)}=2\times10^{-7}\frac{L}{a}[i_{sh}^{(2)}]^2=2\times10^{-7}\frac{L}{a}\left(\frac{\sqrt{3}}{2}i_{sh}\right)^2=1.5\times10^{-7}\frac{L}{a}i_{sh}^2 \quad N \tag{4-42}$$

可见，$F_{Vmax}>F_{Umax}>F_{max}^{(2)}$，故计算最大电动力时应按三相短路计算，并取 F_{Vmax}，即

$$F_{max}=1.73\times10^{-7}\frac{L}{a}i_{sh}^2 \quad N \tag{4-43}$$

4.3　导体振动时的动态应力

在配电装置中硬母线通常用支柱绝缘子固定，成为有弹性的连续梁，组成一个弹性振动系统。严格地讲，母线是有弹性的，而支柱绝缘子也是有弹性的，但是弹性很小。若将支柱绝缘子看作是刚体不参加振动，则在此结构中只有母线是弹性体，即形成单自由度振动系统。若将支柱绝缘子看做是有弹性的，则支柱绝缘子在短路电动力作用下也会产生振动。这时在母线结构中就有两个"弹性体"，两"弹性体"结合即形式多自由度振动系统或称双频系统。

母线具有固有振动频率。在短路持续时间内，短路电动力作用于母线。如果短路电动

力中的工频分量和2倍工频分量的频率与母线固有频率相等或接近，则母线产生共振（强迫振动）。共振的特点是振幅不断增加，但由于摩擦和阻尼的作用，母线的振幅不会无限增加。必须指出，共振时母线的振幅要比静态电动力作用下的振幅大。

弹性体受一次外力作用时将产生振动（振动频率等于固有频率），在静态位置附近往复运动，最后振动衰减到零，母线也不例外。母线受到的外力即为短路电动力。外力使导体发生弯曲变形，同时在导体内部引起内力。在图4-10(a)中截取一小段导体并放大，导体的每个横截面上同时受到切向力Q和一对法向力（或称轴向力）的作用。在图4-10(b)中，截面的上部受压力，下部受拉力，一对法向力组成力偶M，称为弯矩。导体横截面上单位面积所受到的法向力称正应力，用σ表示。σ与M成正比。当电动力$F(t)$随时间t变化时，M也随t变化，σ也随t变化，则称σ为动态应力。

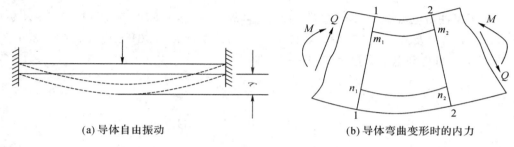

(a) 导体自由振动　　　　　　　　(b) 导体弯曲变形时的内力

图4-10　两端固定的弹性梁示意图

若将绝缘子上的硬导体看成是多跨连续梁，则有多阶固有频率，其一阶固有频率为

$$f_1 = \frac{N_f}{L^2}\sqrt{\frac{EJ}{m}} \quad \text{Hz} \tag{4-44}$$

式中，N_f为频率系数，与导体跨数及支承方式有关，其值见表4-2；L为绝缘子跨距，m；E为导体材料的弹性模量，Pa，表征导体在拉伸或压缩时材料对弹性变形的抵抗能力，铜为11.28×10^{10} Pa，铝为7×10^{10} Pa；J为导体截面对垂直于弯曲方向的轴的截面二次矩（或称惯性矩），由截面的形状、尺寸布置方式决定，矩形导体J的计算式见表4-3；m为导体单位长度的质量，kg/m。

表4-2　导体不同固定方式下的频率系数 N_f 值

跨数及支承方式	N_f	跨数及支承方式	N_f
单跨、两端简支	1.57	单跨、两端固定，多等跨简支	3.56
单跨、一端固定、一端简支，两等跨、简支	2.45	单跨、一端固定、一端活动	0.56

注：两端简支，表示两端都是活动支座，梁可沿支承面方向向两端平行移动；一端固定、一端简支，表示一端是固定支座，一端是活动支座，梁可沿支承面方向向一端平行移动；两端固定，表示两端都是固定支座，梁不能沿任何方向移动。

表4-3　矩形导体截面二次矩 J

每相条数	1	2	3	备注
三相水平布置、导体竖放	$b^3h/12$	$2.167b^3h$	$8.25b^3h$	力作用在 h 面
三相水平布置、导体平放或垂直布置、导体竖放	$bh^3/12$	$bh^3/6$	$bh^3/4$	力作用在 b 面

注：圆管形导体 $J = \pi(D^4 - d^4)/64$，其中D、d分别为圆管的外直径和内直径。

目前,工程上采用动态应力系数(或称振动系数)β 来计算振动的影响,即用式(4-43)的最大电动力 $F_{\max}$ 乘上一个动态应力系数 β(β 表示动态应力与静态应力之比),以求得实际动态过程的最大电动力,即

$$F_{\max}=1.73\times10^{-7}\frac{L}{a}i_{\mathrm{sh}}^{2}\beta \quad \mathrm{N} \tag{4-45}$$

β 与 f_1 的关系如图 4-11 所示,该图可供设计使用。由图 4-11 可知,f_1 在中间范围内(30～160 Hz)变化时,$\beta>1$,其中 f_1 接近 50 Hz 或 100 Hz 时,与电动力中的工频或 2 倍工频发生共振,β 有极大值;当 f_1 较低时,$\beta<1$;当 f_1 较高(≥160 Hz)时,$\beta\approx1$。

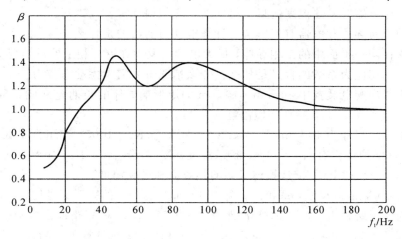

图 4-11　动态应力系数 β

实际计算中,当 f_1 较低或较高时,均取 $\beta=1$;若 f_1 在中间频率范围内(30～160 Hz),则据 f_1 由图 4-11 查出相应的 β 值。对屋外配电装置的管形导体,由于其 L 很大,f_1 很低(一般为 2.5 Hz 以下),故取 $\beta=0.58$。

例 4-2　某电厂的 10 kV 汇流母线,每相为 3 条 125 mm×10 mm 的矩形铝导体,三相垂直布置、导体竖放,绝缘子跨距 $L=1.2$ m,相间距离 $a=0.75$ m,三相短路冲击电流 $i_{\mathrm{sh}}=137.2$ kA,导体弹性模量 $E=7\times10^{10}$ Pa,密度 $\rho_{\mathrm{w}}=2700$ kg/m³。试计算母线的最大电动力。

解　(1)计算母线的一阶固有频率 f_1,确定动态应力系数 β。

母线支承方式可看做多等跨简支,查表 4-2 得 $N_{\mathrm{f}}=3.56$。

导体的截面二次矩为

$$J=\frac{bh^3}{4}=\frac{0.01\times0.125^3}{4}\approx4.88\times10^{-6}\ \mathrm{m}^4$$

单位长度导体质量为

$$m=3\times hb\rho_{\mathrm{w}}=3\times0.125\times0.01\times2700=10.125\ \mathrm{kg/m}$$

导体一阶固有频率为

$$f_1=\frac{N_{\mathrm{f}}}{L^2}\sqrt{\frac{EJ}{m}}=\frac{3.56}{1.2^2}\sqrt{\frac{7\times10^{10}\times4.88\times10^{-6}}{10.125}}=454.1>160\ \mathrm{Hz}$$

故 $\beta=1$。

(2)计算最大电动力。由式(4-45)得

$$F_{\max}=1.73\times10^{-7}\frac{L}{a}i_{sh}^2\beta=1.73\times10^{-7}\times\frac{1.2}{0.75}\times(137.2\times10^3)^2\times1=5210.4\ \text{N}$$

思 考 题

(1) 发热对导体和电器有何不良影响?

(2) 导体的长期发热和短时发热各有何特点?

(3) 导体的长期允许载流量与哪些因素有关?提高长期允许载流量应采取哪些措施?

(4) 计算导体短时发热温度的目的是什么?应如何计算?

(5) 电动力对导体和电器有何影响?计算电动力的目的是什么?

(6) 布置在同一平面中的三相导体,最大电动力发生在哪一相上?试简要分析。

(7) 导体动态应力系数的含义是什么?什么情况下才需考虑动态应力?

(8) 计算屋内配电装置中 $80\ \text{mm}\times10\ \text{mm}$ 的矩形铜导体的长期允许载流量。设导体正常最高允许温度 $\theta_w=70℃$,基准环境温度 $\theta_0=25℃$。

(9) 某铝母线尺寸为 $100\ \text{mm}\times10\ \text{mm}$,集肤系数 $K_s=1.05$,在正常最大负荷时温度 $\theta_i=60℃$,继电保护动作时间 $t_{pr}=1\ \text{s}$,断路器全开断时间 $t_{ab}=0.1\ \text{s}$,短路电流 $I''=30\ \text{kA}$,$I_{0.55}=25\ \text{kA}$,$I_{1.1}=22\ \text{kA}$。试计算该母线的热效应和最高温度。

(10) 某 10 kV 汇流母线,每相为 2 条 $100\ \text{mm}\times10\ \text{mm}$ 的矩形铜导体,三相水平布置、导体平放,绝缘子跨距 $L=1.0\ \text{m}$,相间距离 $a=0.35\ \text{m}$,三相短路冲击电流 $i_{sh}=100\ \text{kA}$,导体弹性模量 $E=11.28\times10^{10}\ \text{Pa}$,密度 $\rho_w=8900\ \text{kg/m}^3$。试计算母线的最大电动力。

第 5 章　电气设备的选择

电气设备的选择是发电厂和变电所电气部分设计的重要内容之一。如何正确地选择电气设备，将直接影响电气主接线和配电装置的安全及经济运行。因此，在进行设备选择时，必须执行国家的有关技术经济政策，在保证安全、可靠的前提下，力争做到技术先进、经济合理、运行方便和留有适当的发展余地，以满足电力系统安全、经济运行的需要。

学习本章时应注意把基本理论与工程实践结合起来，在熟悉各种电气设备性能的基础上，通过实例来掌握各种电气设备的选择方法。

5.1　电气设备选择的一般条件

由于电力系统中各电气设备的用途和工作条件不同，它们的选择方法也不尽相同，但其基本要求却是相同的。即，电气设备要能可靠地工作，必须按正常工作条件进行选择，按短路条件校验其动、热稳定性。

一、按正常工作条件选择

导体和电器的正常工作条件包括额定电压、额定电流和自然环境条件等三个方面。

1. 额定电压

一定额定电压的高压电器，其绝缘部分应能长期承受相应的最高工作电压。由于电网调压或负荷的变化，使电网的运行电压常高于电网的额定电压。因此，所选导体和电器的允许最高工作电压应不低于所连接电网的最高运行电压。

当导体和电器的额定电压为 U_N 时，导体和电器的最高工作电压一般为（1.1～1.15）U_N；而实际电网的最高运行电压一般不超过 $1.1U_N$。因此，在选择设备时一般按照导体和电器的额定电压 U_N 不低于安装地点电网额定电压 U_{NS} 的条件进行选择，即

$$U_N \geqslant U_{NS} \tag{5-1}$$

2. 额定电流

在规定的周围环境温度下，导体和电器的额定电流 I_N 应不小于流过设备的最大持续工作电流 I_{max}，即

$$I_N \geqslant I_{max} \tag{5-2}$$

由于发电机、调相机和变压器在电压降低 5% 时出力保持不变，其相应回路的最大持续工作电流 $I_{max}=1.05I_N$（I_N 为发电机的额定电流）；母联断路器和母线分段断路器回路的最大持续工作电流 I_{max}，一般取该母线上最大一台发电机或一组变压器的 I_{max}；母线分段电抗器回路的 I_{max}，按母线上事故切除最大一台发电机时，这台发电机额定电流的 50%～80% 计算；馈电线回路的 I_{max}，除考虑线路正常负荷电流外，还应包括线路损耗和事故时转

移过来的负荷。

此外，还应根据装置地点、使用条件、检修和运行等要求，对导体和电器进行型式选择。

3. 自然环境条件

选择导体和电器时，应按当地环境条件校核它们的基本使用条件。当气温、风速、湿度、污秽等级、海拔高度、地震烈度、覆冰厚度等环境条件超出一般电器的规定使用条件时，应向制造部门提出补充要求或采取相应的防护措施。例如，当电气设备布置在制造部门规定的海拔高度以上地区时，由于环境条件变化的影响，引起电气设备所允许的最高工作电压下降，需要进行校正。一般地，若海拔范围在 1000～3500 m 以内，则每当海拔高度比厂家规定值升高 100 m 时，最高工作电压下降 1%。因此，在海拔高度超过 1000 m 的地区，应选用高原型产品或选用外绝缘提高一级的产品。目前，110 kV 及以下电器的外绝缘普遍具有一定裕度，故可使用在海拔 2000 m 以下的地区。

当周围介质温度 θ_0 和导体（或电器）额定环境温度 θ_{0N} 不同时。导体（或电器）的额定电流 I_N 可按式（5-3）进行修正，即

$$I_N' = I_N \sqrt{\frac{\theta_N - \theta_0}{\theta_N - \theta_{0N}}} = K_\theta I_N \tag{5-3}$$

式中，$K_\theta = \sqrt{\dfrac{\theta_N - \theta_0}{\theta_N - \theta_{0N}}}$ 为周围介质温度修正系数；I_N' 为对应于导体（或电器）正常最高容许温度 θ_{0N} 和实际周围介质温度 θ_0 的容许电流 A；θ_N 为导体（或电器）的正常最高容许温度。

目前我国生产电器的额定环境温度（θ_{0N}）为 +40℃。当这些电器使用在环境温度高于 +40℃（但不高于 +60℃）的地区时，该地区的环境温度每增加 1℃，电器的额定电流减少 1.8%；当使用在环境温度低于 +40℃时，该地区的环境温度每降低 1℃，电器的额定电流增加 0.5%，但最大不得超过额定电流的 20%。

我国生产的裸导体在空气中的额定环境温度（θ_{0N}）为 25℃，当装置地点环境温度在 -5～+50℃范围内变化时，导体的额定载流量可按式（5-3）修正。

二、按短路条件校验

1. 按短路热稳定校验

短路热稳定校验就是要求所选择的导体和电器，当短路电流通过时其最高温度不超过导体和电器的短时发热最高允许温度，即

$$Q_d \leqslant Q_r \tag{5-4}$$

或

$$Q_d \leqslant I_r^2 t_r \tag{5-5}$$

式中，Q_d 为短路电流热效应；Q_r 为导体和电器允许的短时热效应；I_r 为 t_r 时间内导体和电器允许通过的热稳定电流；t_r 为导体和电器的热稳定时间。

2. 短路动稳定校验

动稳定是指导体和电器承受短路电流机械效应的能力，满足动稳定的条件为

$$i_{es} \geqslant i_{sh} \tag{5-6}$$

或

$$I_{es} \geqslant I_{sh} \tag{5-7}$$

式中，i_{sh}、I_{sh} 为短路冲击电流幅值及有效值；i_{es}、I_{es} 为导体和电器允许通过的动稳定电流的幅值及有效值。

3. 短路电流的计算条件

为使所选导体和电器具有足够的可靠性、经济性和合理性，并在一定的时期内适应电力系统的发展需要，对导体和电器进行校验用的短路电流应满足以下条件：

(1) 计算时应按本工程设计的规划容量计算，并考虑电力系统的远景发展规划（一般考虑本工程建成后 5～10 年）。所用接线方式，应按可能发生最大短路电流的正常接线方式，而不应按仅在切换过程中可能并列运行的接线方式。

(2) 短路的种类可按三相短路考虑。若发电机出口的短路，或中性点直接接地系统及自耦变压器等回路中的单相、两相接地短路较三相短路严重时，则应按严重情况验算。

(3) 短路计算点应选择在正常接线方式下，通过导体或电器的短路电流为最大的地点。但对于带电抗器的 6～10 kV 出线及厂用分支线回路，在选择母线至母线隔离开关之间的引线、套管时，计算短路点应该取在电抗器前。选择其余的导体和电器时，计算短路点一般取在电抗器后。

以图 5-1 为例说明短路计算点的选择方法。

(1) 发电机、变压器回路的断路器。应把断路器前或后短路时通过断路器的电流值进行比较，取其较大者为短路计算点。例如，要选择发电机断路器 QF1，当 k4 点短路时，流过 QF1 的电流为 G1 供给的短路电流；当 k1 短路时，流过 QF1 的电流为 G2 供给的短路电流及系统经 T1、T2 供给的短路电流之和。若两台发电机的容量相等，则后者大于前者，故应选 k1 为 QF1 的短路计算点。

(2) 母联断路器 QF3。当用 QF3 向备用母线充电时，如遇到备用母线故障，即 k3 点短路，则此时流过 QF3 的电流为 G1、G2 及系统供给的全部短路电流（情况最严重）。故选 k3 为 QF3 的短路计算点。同样，在校验发电机电压母线的动、热稳定时也应选 k3 为短路计算点。

(3) 分段断路器 QF4。应选 k4 为短路计算点，并假设 T1 切除，这时流过 QF4 的电流为 G2 供给的短路电流及系统经 T2 供给的短路电流之和。如果不切除 T1，则系统供给的短路电流有部分经 T1 分流，而不流经 QF4（情况没有（2）严重）。

(4) 变压器回路断路器 QF5 和 QF6。考虑原则与 QF4 相似。对低压侧 QF5，应选 k5 为短路计算点，并假设 QF6 断开，流过 QF5 的电流为 G1、G2 供给的短路电流及系统经 T2 供给的短路电流之和；对高压侧断路器 QF6，应选 k6 为短路计算点，并假设 QF5 断开，流过 QF6 的电流为 G1、G2 经 T2 供给的短路电流及系统直接供给的短路电流之和。

(5) 带电抗器的出线回路断路器 QF7。显然，k2 短路时比 k7 短路时流过 QF7 的电流大。但运行经验证明，干式电抗器的工作可靠性高，且断路器和电抗器之间的连线很短，k2 发生短路的可能性很小，因此选择 k7 为 QF7 的短路计算点，这样出线可选用轻型断路器。

(6) 厂用变压器回路断路器 QF8，一般 QF8 至厂用变压器之间的连线多为较长电缆，存在短路的可能性，因此，选 k8 为 QF8 的短路计算点。

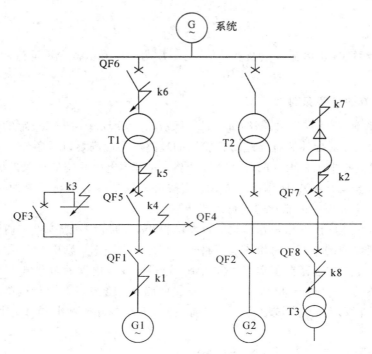

图 5-1 短路计算点的选择

4. 短路计算时间

校验短路热稳定和开断电流时，还必须合理地确定短路计算时间 t_k。短路计算时间 t_k 为继电保护动作时间 t_{pr} 和相应断路器的全分闸时间 t_{ab} 之和，即

$$t_k = t_{pr} + t_{ab} \qquad\qquad (5-8)$$

式中，t_{ab} 为断路器的固有分闸时间和燃弧时间之和。

在验算裸导体的短路热效应时，宜采用主保护动作时间。若主保持有死区，则应采用能对该死区起作用的后备保护动作时间，并采用相应处的短路电流值。在验算电器的短路热效应时，宜采用后备保护动作时间。

对于开断电器(如断路器、熔断器等)，应能在最严重的情况下开断短路电流。故电器的开断计算时间 t_{ab} 是从短路瞬间开始到断路器灭弧触头分离的时间。其中包括主保护动作时间 t_{pr1} 和断路器固有分闸时间 t_{in} 之和，即

$$t_{ab} = t_{pr1} + t_{in} \qquad\qquad (5-9)$$

5.2 母线和电缆的选择

5.2.1 母线的选择

配电装置中的母线，应根据具体使用情况按下列条件选择和校验：① 母线材料、截面形状和布置方式；② 母线截面尺寸；③ 电晕；④ 热稳定；⑤ 动稳定；⑥ 共振频率。

一、母线材料、截面形状和布置方式选择

母线一般由导电率高的铝、铜型材制成。由于铝的成本低，现在除持续工作电流较大

且位置特别狭窄的发电机、变压器出线端部，或采用硬铝导体穿墙套管有困难以及对铝有较严重腐蚀的场所采用铜母线外，其他普遍使用铝母线。

常用的硬母线截面形状为矩形、槽形和管形。矩形截面的优点是散热面大，并且便于固定和连接，但电流的集肤效应强烈。我国最大的单片矩形母线承载的工作电流约为 2 kA。当工作电流较大时，可采用 2～4 片组成的多条矩形母线。但是受邻近效应的影响，4 片矩形母线的载流能力一般不超过 6 kA。因此，矩形母线常被用于容量为 50 MW 及以下的发电机或容量为 60 MV·A 及以下的降压变压器 10.5 kV 侧的引出线及其配电装置。槽形截面母线具有机械强度好、载流量大、集肤效应小的特点。当回路正常工作电流在 4～8 kA 时，一般选用槽形母线。管形母线同样具有机械强度高、集肤效应小的优点，且其电晕放电电压较高，管内可通风或通水进行冷却，从而使载流量增大。因此，管形母线可用于 8 kA 以上的大电流母线和 110 kV 及以上的配电装置母线。

母线的散热条件和机械强度与母线的布置方式有关。母线按照其布置方式可分为支持式和悬挂式。支持式是用适合母线工作电压的支持绝缘子把母线固定在钢构架或墙板等建筑物上。常见的布置方式有水平布置、垂直布置和三角形布置。悬挂式是用悬垂绝缘子把母线吊挂在建筑物上。常见的布置方式为三相垂直排列、水平排列和等边三角形排列。图 5-2 为矩形母线的布置方式。其中图(a)和图(b)相比，图(a)散热条件好、载流量大，但机械强度差；而图(b)则相反。图(c)兼顾了图(a)和图(b)的优点，但增加了配电装置的高度。因此，母线的布置方式应综合考虑载流量的大小、短路电流的大小和配电装置的具体情况确定。

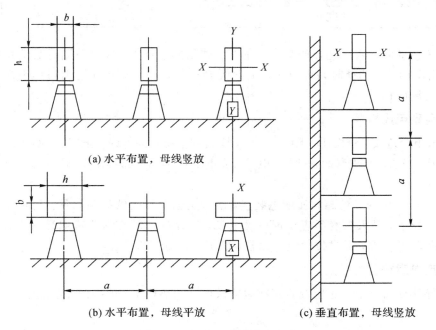

(a) 水平布置，母线竖放

(b) 水平布置，母线平放

(c) 垂直布置，母线竖放

图 5-2　矩形母线的布置方式

二、母线截面尺寸选择

（1）为了保证母线的长期安全运行，母线导体在额定环境温度 θ_{0N} 和导体正常发热允许最高温度 θ_N 下的允许电流 I_N，经过修正后的数值应大于或等于流过导体的最大持续工作

电流 I_{max}，即

$$I_{max} \leqslant KI_N \qquad (5-10)$$

式中，K 为综合修正系数（K 值与海拔高度、环境温度和邻近效应等因素有关，可查阅有关手册）。

（2）为了考虑母线长期运行的经济性，除了配电装置的汇流母线以及断续运行或长度在 20 m 以下的母线外，一般均应按经济电流密度选择导体的截面，这样可使年计算费用最低。经济电流密度的大小与导体的种类和最大负荷年利用小时数 T_{max} 有关。按照我国现行规定，经济电流密度如表 5-1 所示。导体的经济截面 S_j 计算公式为

$$S_j = \frac{I'_{max}}{j} \quad mm^2 \qquad (5-11)$$

式中，I'_{max} 为正常工作时的最大持续工作电流，单位为 A；j 为经济电流密度，单位为 A/mm^2。

表 5-1　导体的经济电流密度（A/mm^2）

导体材料		最大负荷利用小时数 T_{max}/h		
		3000 以下	3000～5000	5000 以上
铝裸导体		1.65	1.15	0.9
铜裸导体		3.0	2.25	1.75
35 kV 以下	铝芯电缆	1.92	1.73	1.54
	铜芯电缆	2.5	2.25	2.0

由于按经济电流密度选择的截面积是在总费用的最低点，在该点附近总费用随截面积变化不明显。因此，选择时如果导体截面积无合适的数值时，允许选用略小于按经济电流密度求得的截面积。

三、电晕电压校验

电晕放电会造成电晕损耗、无线电干扰、噪音和金属腐蚀等许多危害。因此，110～220 kV 裸母线晴天不发生可见电晕的条件是：电晕临界电压 U_{cr} 应大于最高工作电压 U_{max}，即

$$U_{cr} > U_{max} \qquad (5-12)$$

对于 330～500 kV 的超高压配电装置，电晕是选择导线的控制条件。要求在 1.1 倍最高工作相电压下，晴天夜晚不应出现可见电晕。选择母线时应综合考虑导体直径、分裂间距和相间距离等条件，经过技术经济比较，确定最佳方案。

四、热稳定校验

选择导体截面 S 后，还应校验其在短路条件下的热稳定。裸导体热稳定校验公式为

$$S \geqslant S_{min}$$

$$S_{min} = \sqrt{\frac{Q_k K_s}{A_f - A_i}} = \frac{\sqrt{Q_k K_s}}{C} \quad mm^2 \qquad (5-13)$$

式中，S 为所选导体截面，mm^2；S_{min} 为根据热稳定条件决定的导体最小允许截面，mm^2；Q_k 为短路电流热效应；K_s 为集肤效应系数；C 为热稳定系数，其值与材料及发热温度有关，如表 5-2 所示。

表 5 - 2　不同工作温度下裸导体的 C 值

工作温度/(℃)	40	45	50	60	65	70	75	80	85	90
硬铝及铝锰合金	99	97	95	91	89	87	85	83	82	81
硬　　铜	186	183	181	176	174	171	169	166	164	161

五、动稳定校验

由于硬母线都安装在支持绝缘子上,当短路冲击电流通过母线时,电动力将使母线产生弯曲应力。因此,母线应进行短路机械强度计算。

单条母线应力计算的方法如下。

按照母线与绝缘子、金具的连接特点,母线的每个支持点都属于简支。在跨数很多、母线所受载荷是同向均匀分布电动力的情况下,可以把母线作为自由支承在绝缘子上的多跨距、载荷均匀分布的连续梁来考虑。在电动力的作用下,当跨距数大于 2 时,母线所受的最大弯矩为

$$M = \frac{fL^2}{10} \quad \text{N·m} \tag{5-14}$$

式中,f 为单位长度母线上所受最大相间电动力,N/m;L 为母线支持绝缘子之间的跨距,m。

当跨距数等于 2 时,母线所受最大弯矩为

$$M = \frac{fL^2}{8} \quad \text{N·m} \tag{5-15}$$

母线最大相间计算弯曲应力为

$$\sigma_{\max} = \sigma_{ph} = \frac{M_{ph}}{W_{ph}} \tag{5-16}$$

式中,W_{ph} 为母线对垂直于作用力方向轴的截面系数(或称抗弯矩)。矩形母线按图 5 - 2(a)布置时,$W_{ph} = b^2 h/6 \text{ m}^3$;按图 5 - 2(b)(c)布置时,$W_{ph} = bh^2/6 \text{ m}^3$。

当三相母线水平布置且相间距离为 a(单位为 m)时,三相短路的最大电动力为

$$f_{ph} = 1.73 \times 10^{-7} \frac{1}{a} i_{sh}^2 \beta \quad \text{N/m} \tag{5-17}$$

式中,i_{sh} 为三相短路冲击电流值,单位为 A。

由式(5 - 17)可求出一单位长度母线上所受最大短路电动力。由式(5 - 14)、式(5 - 16)、式(5 - 17)可得

$$\sigma_{\max} = \sigma_{ph} = \frac{M_{ph}}{W_{ph}} = \frac{f_{ph} L^2}{10 W_{ph}} \quad \text{Pa} \tag{5-18}$$

若按式(5 - 18)求出的母线最大相间计算应力 $\sigma_{\max}$ 不超过母线材料的允许应力 σ_{al},即

$$\sigma_{\max} \leqslant \sigma_{al} \quad \text{Pa·} \tag{5-19}$$

则认为母线的动稳定是满足要求的。母线材料的允许应力 σ_{al} 见表 5 - 3 所示。

表 5 - 3 母线材料的允许应力 σ_{al}

导体材料	最大允许应力 σ_{al}/Pa
硬　铝	70×10^6
硬　铜	140×10^6
LF21 型铝锰合金管	90×10^6

在设计中，常根据母线材料的最大允许应力 σ_{al} 来决定绝缘子间的最大允许跨距 L_{max}，由式(5 - 14)、式(5 - 16)、式(5 - 19)可得

$$L_{max} = \sqrt{\frac{10\sigma_{al}W_{ph}}{f_{ph}}} \quad m \tag{5 - 20}$$

计算得到的 L_{max} 可能较大，为了避免水平放置的母线因自重而过分弯曲，所选择的跨距一般不超过 $1.5 \sim 2$ m。为便于安装绝缘子支座及引下线，最好选取跨距等于配电装置的间隔宽度。

当每相为多条导体时，导体除受到相间作用力外，还受到同相条间的作用力。

（1）相间应力 σ_{ph} 的计算。相间应力 σ_{ph} 仍按式(5 - 18)计算，但式中的 W_{ph} 为相应条数和布置方式的截面系数。

（2）同相条间应力 σ_b 的计算。由于同相的条间距离很近，σ_b 通常很大。为了减小 σ_b，在同相各条导体间每隔 $30 \sim 50$ cm 设一衬垫，如图 5 - 3 所示。同相中，边条导体所受的条间作用力最大。边条导体所受的最大弯矩为

$$M_b = \frac{f_b L_b^2}{12} \quad N \cdot m \tag{5 - 21}$$

式中，f_b 为单位长度导体上所受到的条间电动力，N/m；L_b 为衬垫跨距（相邻两衬垫间的距离），m。f_b 按式(4 - 29)计算，式中的 a 取条间距离。由于条间距离很小，计算 f_b 时应考虑电流在条间的分配及形状系数 K_f。

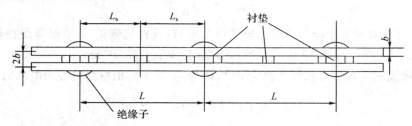

图 5 - 3 一相有两条导体时衬垫的装设

当每相为两条导体时，$a = 2b$，并认为相电流在两条间平均分配。即

$$f_b = 2 \times 10^{-7} \frac{(0.5i_{sh})^2}{2b}K_{12} = 0.25 \times 10^{-7} \frac{i_{sh}^2}{b}K_{12} \quad N/m \tag{5 - 22}$$

当每相为三条导体时，1、2 条间距离为 $a = 2b$，1、3 条间距离为 $a = 4b$，并认为两边条各通过相电流的 40%，中间条通过相电流的 20%。即

$$f_b = 2 \times 10^{-7} \frac{(0.4i_{sh}) \times (0.2i_{sh})}{2b}K_{12} + 2 \times 10^{-7} \frac{(0.4i_{sh})^2}{4b}K_{13} \tag{5 - 23}$$

$$= 0.08 \times 10^{-7} \frac{i_{sh}^2}{b}(K_{12} + K_{13}) \quad N/m$$

式(5-22)和式(5-23)中，K_{12}、K_{13} 分别为第 1、2 条和第 3、4 条导体的截面形状系数。先计算 b/h 及 $a-b/(h+b)$，然后查图 4-6 的下部曲线，得

$$\sigma_b = \frac{M_b}{W_b} = \frac{f_b L_b^2}{2 b^2 h} \quad \text{Pa} \tag{5-24}$$

同样，L_b 愈大，σ_b 愈大。在计算 σ_{ph} 的基础上，计算满足动稳定要求的最大允许衬垫跨距 L_{bmax}。令 $\sigma_{max}=\sigma_{ph}+\sigma_b=\sigma_{al}$，即 $\sigma_b=\sigma_{al}-\sigma_{ph}$，代入式(5-24)得

$$L_{bmax} = b\sqrt{\frac{2h(\sigma_{al}-\sigma_{ph})}{f_b}} \quad \text{m} \tag{5-25}$$

设 $L/L_{bmax}=C_1$，C_1 一般为小数，设其整数部分为 n，则不管小数点后面是多少，$n+1$ 即为每跨内满足动稳定所必须用的最少衬垫数(例如 $C_1=2.8$，取 $n=2$)。因为，实际上 $L_b=L/(n+1)$，$n+1>C_1$，所以 $L_b<L_{bmax}$，从而满足动稳定要求。

另外，当 L_b 较大时，在条间作用力 f_b 作用下，同相的各条导体可能因弯曲而互相接触。为防止这种现象发生，要求 L_b 必须小于另一个允许的最大跨距—临界跨距 L_{cr}。L_{cr} 可由式(5-26)计算，即

$$L_{cr} = \lambda b\sqrt[4]{\frac{h}{f_b}} \quad \text{m} \tag{5-26}$$

式中，λ 为系数。每相为两条导体时铜的系数为 1144，铝为 1003；每相为三条导体时铜的系数 1355，铝为 1197。

六、母线共振的校验

如果母线的固有振动频率与短路电动力交流分量的频率相近以至发生共振，则母线导体的动态应力将比不发生共振时的应力大得多，这可能使得母线导体以及支持结构的设计和选择发生困难。此外，正常运行时若发生共振，会引起过大的噪音，干扰运行。因此，母线应尽量避免共振。为了避开共振和校验机械强度，对于重要回路(如发电机、变压器及汇流母线等)的母线应进行共振校验。

母线的一阶固有频率为

$$f_1 = \frac{N_f}{L^2}\sqrt{\frac{EI}{m}} \tag{5-27}$$

式中，L 为母线绝缘子之间的跨距，单位为 m；E 为导体材料的弹性模量，单位为 N/m^2；I 为导体截面的惯性矩，单位为 m^4；m 为单位长度母线导体的质量，单位为 kg/m；N_f 为频率系数，与母线的连接跨数和支承方式有关，可由表 5-4 查得。

表 5-4　多跨距连续梁的频率系数

支承方式＼跨数	1	2	3	4	5	6	∞
两端简支	1.57	1.57	1.57	1.57	1.57	1.57	1.57
一端固定，一端简支	2.45	1.83	1.69	1.64	1.62	1.60	1.57
两端固定	3.55	2.45	2.01	1.88	1.74	1.60	1.57

为了避免导体产生危险的共振，对于重要回路的母线，应使其固有振动频率在下述范

围以外：

（1）单条母线及母线组中各单条母线：35～150 Hz。

（2）对于多条母线组及带引下线的单条母线：35～155 Hz。

（3）对于槽形母线和管形母线：30～160 Hz。

当母线固有振动频率无法限制在共振频率范围之外时，母线受力计算必须乘以振动系数 β，β 值可由图 4-11 查得。

若已知母线的材料形状、布置方式和应避开共振的固有振动频率 f_0（一般 $f_0 =$ 200 Hz），则可由式（5-28）算出母线不发生共振时绝缘子间的最大允许跨距，即

$$L_{max} = \sqrt{\frac{N_f}{f_0}} \sqrt[4]{\frac{EI}{m}} \quad \text{m} \qquad (5-28)$$

注意，如选择的绝缘子跨距小于 L_{max}，则 $\beta=1$。

例 5-1 某屋内配电装载汇流母线电流为 $I_{max} = 3464$ A，三相导体垂直布置，相间距离为 0.75 m，绝缘子跨距为 1.2 m，母线短路电流 $I'' = 51$ kA，短路热效应 $Q_k = 1003$ (kA)² · S，环境温度为 +35 ℃，铝导体弹性模量 $E = 7 \times 10^{10}$ Pa，母线频率系数 $N_f = 3.56$。初步选定母线为 3 条 125 mm × 10 mm 的矩形硬铝导体，已知导体竖放允许电流为 4243 A，请对选择的导体进行校验（集肤效应系数为 1.8，35 ℃ 时温度修正系数为 $K = 0.88$，铝导体密度为 2700 kg/m³，不同工作温度下硬铝导体的热稳定系数见表 5-5）。

表 5-5 不同工作温度下硬铝导体的热稳定系数

工作温度/℃	50	55	60	65	70	75	80	85	90
热稳定系数 C	95	93	91	89	87	85	83	82	81

解 导体截面积为 $125 \times 10 = 1250$ mm²。

$$I_{al35°} = 0.88 \times 4243 \approx 3734 \text{ A} > 3464 \text{ A}$$

$$\theta = \theta_0 + (\theta_{al} - \theta_0)\frac{I_{max}^2}{I_{al}^2} = 35 + (70-35)\frac{3464^2}{3734^2} \approx 65 \text{ ℃}$$

（1）热稳定检验。

因工作温度 $\theta = 65$℃，查表 5-5 得 $C = 89$，则满足短路时发热的最小导体截面为

$$S_{min} = \frac{\sqrt{Q_k K_s}}{C} = \frac{\sqrt{1003 \times 10^6 \times 1.8}}{89} \approx 477.4 < 3750$$

满足热稳定要求。

（2）动稳定校验。

1 m 长导体质量为

$$m = b \times h \times \rho = 0.01 \times 0.125 \times 2700 = 3.375 \text{ kg/m}$$

$$I = \frac{bh^3}{12} = \frac{0.01 \times 0.125^3}{12} = 1.63 \times 10^{-6} \text{ m}^4$$

$$f_1 = \frac{N_f}{L^2}\sqrt{\frac{EI}{m}} = \frac{3.56}{1.2^2}\sqrt{\frac{7 \times 10^{10} \times 1.63 \times 10^{-6}}{3.375}} = 454.5 > 155$$

所以对该母线可不计共振影响。取冲击系数为 1.9，则

$$i_{sh} = 1.9\sqrt{2}I'' = 2.69 \times 51 = 137.19 \text{ kA}$$

相间应力为

$$f_{ph} = 1.73 \times 10^{-7} \times \frac{i_{sh}^2}{\alpha} = 1.73 \times 10^{-7} \times \frac{137190^2}{0.75} \approx 4341 \text{ N/m}$$

$$W = 3.3b^2h = 3.3 \times 0.01^2 \times 0.125 = 41.25 \times 10^{-6}$$

$$\sigma_{ph} = \frac{f_{ph}L^2}{10W} = \frac{4341 \times 1.2^2}{10 \times 41.25 \times 10^{-6}} = 15.154 \times 10^6 \text{ Pa}$$

母线同相条间作用应力为

$$\frac{b}{h} = \frac{10}{125} = 0.08$$

$$\frac{2b-b}{b+h} = \frac{2 \times 10 - 10}{10 + 125} = 0.074$$

$$\frac{4b-b}{b+h} = \frac{4 \times 10 - 10}{10 + 125} = 0.222$$

由形状系数图可知 $K_{12} = 0.37$、$K_{13} = 0.57$，则

$$f_b = 8(K_{12} + K_{13}) \times 10^{-9} \times \frac{i_{sh}^2}{b} = 14153 \text{ Pa}$$

临界跨距 L_{cr} 和条间衬垫最大跨距 L_{bmax} 分别为

$$L_{cr} = \lambda b^4 \sqrt{\frac{h}{f_b}} = 1197 \times 0.01^4 \sqrt{\frac{0.125}{14\,153}} = 0.65$$

$$L_{bmax} = b\sqrt{\frac{2h(\sigma_{al} - \sigma_{ph})}{f_b}} = 0.01\sqrt{\frac{2 \times 0.125 \times (70 - 15.154) \times 10^6}{14153}} = 0.31$$

所选衬垫跨距应小于 L_{cr} 和 L_{bmax}，所以每跨绝缘子中设三个衬垫，$L_b = 0.3$ m 满足动稳定要求。

5.2.2   电缆的选择与校验

一、按结构类型选择电力电缆

根据电力电缆的用途、敷设方法和使用场所，选择电力电缆的芯数、芯线的材料、绝缘的种类、保护层的结构以及电缆的其他特征，最后确定电力电缆的型号。

二、按电压选择

要求电力电缆的额定电压 U_N 不小于安装地点的最大工作电压 U_{max}，即

$$U_N \geqslant U_{max} \qquad (5-29)$$

三、按最大持续工作电流选择电缆截面

在正常工作时，电缆的长期允许发热温度氏决定子电缆芯线的绝缘、电缆的电压和结构等。如果电缆的长期发热温度超过久时，电缆的绝缘强度将很快降低，可能引起芯线与金属外皮之间的绝缘击穿。电缆的长期允许电流 I_N 就是根据这一长期允许发热温度和周围介质的计算温度 θ_{0N} 来决定的。要使电缆的正常发热温度不超过其长期允许发热温度 θ_N，必须满足下列条件：

$$I_{max} \leqslant kI_N \qquad (5-30)$$

式中，$I_{\max}$ 为电缆电路中长期通过的最大工作电流；I_N 为电缆的长期允许电流；k 为综合修正系数，与环境温度、敷设方式及土壤热阻有关。

四、按经济电流密度选择电缆截面

对于发电机、变压器回路，当其最大负荷利用小时数超过 5000 h/年，且长度超过 20 m 时，应按经济电流密度选择电缆截面，并按最大长期工作电流进行校验。电缆的经济电流密度见表 5-1。

按经济电流密度选出的电缆，还应确定经济合理的电缆根数。一般情况下，电缆截面在 150 mm² 以下时，其经济根数为一根。当截面 S 大于 150 mm² 时。其经济根数可按 $S/150$ 决定。若电缆截面比一根 150 mm² 的电缆大，但又比两根 150 mm² 的电缆小时，通常宜采用两根 120 mm² 的电缆。

五、按短路热稳定校验电缆截面

满足热稳定要求的最小电缆截面为

$$S_{\min} = \frac{\sqrt{Q_k}}{C} \qquad (5-31)$$

式中，Q_k 为短路电流热效应，A²·s；C 为热稳定系数，它与电缆类型、额定电压及短路允许最高温度有关，见表 5-6。

表 5-6 电缆热稳定系数 C 值

导体种类	铜			铝		
电缆类型	电缆线路有中间接头	20 kV、35 kV 油浸纸绝缘	10 kV 及以下油浸纸绝缘	电缆线路有中间接头	20 kV、35 kV 油浸纸绝缘	10 kV 及以下油浸纸绝缘橡皮绝缘
额定电压/kV	短路允许最高温度/℃					
	120	175	250	120	175	200
3~10	95.4	—	159	60.4	—	90.0
20~35	101.5	130	—	—	—	—

六、电压损失校验

当电缆用于远距离输电时，还应对其进行允许电压损失校验。电缆电压损失的校验公式为

$$\Delta U\% = \frac{\sqrt{3}\,I_{\max}\rho L \times 100}{U_N S} \qquad (5-32)$$

式中，ρ 为电缆导体的电阻率，Ω·mm²/m；L 为电缆长度，m；U_N 为电缆额定电压，V；S 为电缆截面，mm²；$I_{\max}$ 为电缆的最大长期工作电流，A。

例 5-2 如图 5-4 所示，请选择其出线电缆。在变电所的两段母线上各接有一台 3.15 MV·A变压器，正常时母线分段运行。当一条线路故障时，要求另一条线路能供两台变压器满负荷运行时功率的 70%。最大负荷利用小时数 $T_{\max}=4500$ h。变电所距电厂 500 m，在 250 m 处电缆有中间接头，该接头处发生三相短路时的短路电流热效应 $Q_k=125\times10^6$ A²·S，

电缆直埋地下，间距取 200 mm，土壤温度 $\theta_0 = 20$ ℃，热阻系数 $g = 80$ ℃·cm/W。

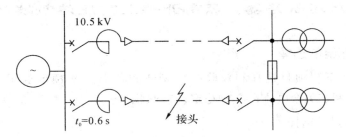

图 5-4　选择出线电缆接线图

解　(1) 截面选择。

$$I_{\max} = \frac{1.05 \times 3150}{\sqrt{3} \times 10.5} = 182 \text{ A}$$

当铝芯电缆 $T_{\max} = 4500$ h 时，经济电流密度 $j = 1.73$ A/mm^2，则电缆经济截面为

$$S = \frac{I_{\max}}{j} = 105 \text{ mm}^2$$

选用两根 10 kV ZLL12 三芯油浸纸绝缘铝芯铅包防腐电缆，每根截面 $S = 95$ mm^2，$I_N = 185$ A，正常运行允许最高温度 60℃。

(2) 按长期发热允许电流校验考虑一条线路故障时，另一条线路要供两台变压器满负荷运行，故最大长期工作电流为

$$I_{\max} = 2 \times 183 = 366 \text{ A}$$

当实际土壤温度为 +20℃ 时，温度修正系数 $k_1 = 1.07$。当电缆间距取 200 mm 时，由《电线电缆常用数据速查手册》可查得两根并排电缆修正系数 $k_2 = 0.92$。当土壤热阻系数 $g = 80$ ℃·cm/W时，修正系数 $k_3 = 1.05$，故综合修正系数为

$$k = k_1 k_2 k_3 = 1.07 \times 0.92 \times 1.05 = 1.034$$

两根电缆的允许载流量为

$$I'_N = 2k I_N = 2 \times 0.93 \times 185 = 344.1 \text{ A} > I_{\max}$$

(3) 热稳定校验。

对于电缆线路中间有连接头者，应按第一个中间接头处短路进行热稳定校验。

短路前电缆最高运行温度为

$$\theta_L = \theta_0 + (\theta_N - \theta_0) \left(\frac{I'_{\max}}{I'_N} \right)^2 = 20 + (60 - 20) \times \left(\frac{366}{344.1} \right)^2 \approx 65℃$$

由表 5-6 查得 $C = 60.4$，满足电缆热稳定所需最小截面为

$$S_{\min} = \frac{\sqrt{Q_k}}{C} = \frac{\sqrt{125 \times 10^6}}{60.4} = 185 \text{ mm}^2 < 2 \times 95 \text{ mm}^2$$

(4) 电压损失校验。

$$\Delta U\% = \frac{\sqrt{3} I_{\max} \rho L \times 100\%}{U_N S} = \frac{\sqrt{3} \times 366 \times 0.035 \times 500 \times 100\%}{10\,500 \times 2 \times 95} = 0.55\% < 5\%$$

结果表明，选两根 ZLL12—2×95 电力电缆能满足要求。

5.3 高压断路器、隔离开关及高压熔断器的选择

一、高压断路器的选择

高压断路器按下列项目选择和校验：① 型式和种类；② 额定电压；③ 额定电流；④ 开断电流；⑤ 额定关合电流；⑥ 动稳定；⑦ 热稳定。

1. 按种类和型式选择

高压断路器的种类和型式的选择，除满足各项技术条件和环境条件外，还应考虑便于安装调试和运行维护的问题，然后经技术经济比较后才能确定。根据我国当前生产制造情况。电压 6～220 kV 的电网可选用少油断路器、真空断路器和六氟化硫断路器；330～500 kV电网一般采用六氟化硫断路器。采用封闭母线的大容量机组，当需要装设断路器时，应选用发电机专用断路器。

2. 按额定电压选择

高压断路器的额定电压 U_N 应大于或等于所在电网的额定电压 U_{NS}，即

$$U_N \geqslant U_{NS} \qquad (5-33)$$

3. 按额定电流选择

高压断路器的额定电流 I_N 应大于或等于流过它的最大持续工作电流 I_{max}，即

$$I_N \geqslant I_{max} \qquad (5-34)$$

当断路器使用的环境温度不等于设备最高允许环境温度时，应对断路器的额定电流进行修正。

4. 按额定短路开断电流选择

在给定的电网电压下，高压断路器的额定短路开断电流 I_{Nbr} 应满足

$$I_{Nbr} \geqslant I_{zt} \qquad (5-35)$$

式中，I_{zt} 为断路器实际开断时间 t_k 的短路电流周期分量有效值。

断路器的实际开断时间 t_k 等于继电保护主保护动作时间与断路器的固有分闸时间之和。

对于设有快速保护的高速断路器，其开断时间小于 0.1 s，当在电源附近短路时，短路电流的非周期分量可能超过周期分量幅值的 20%，因此，其开断电流应计及非周期分量的影响，取短路全电流有效值 I_k 进行校验。

装有自动重合闸装置的断路器，应考虑重合闸对额定开断电流的影响。

5. 按额定短路关合电流选择

在断路器合闸之前，若线路上已存在短路故障，则在断路器合闸过程中，触头间在未接触时即有很大的短路电流通过(预击穿)，更易发生触头熔焊和遭受电动力的破坏。且断路器在关合短路电流时，不可避免地在接通后又自动跳闸，此时要求能切断短路电流。为了保证断路器在关合短路时的安全，断路器的额定短路关合电流 i_{Ncl} 应不小于短路冲击电流幅值 i_{sh}，即

$$i_{\text{Ncl}} \geqslant i_{\text{sh}} \qquad (5-36)$$

6. 动稳定校验

高压断路器的额定峰值耐受电流 i_{es} 应不小于三相短路时通过断路器的短路冲击电流幅值 i_{sh}，即

$$i_{\text{es}} \geqslant i_{\text{sh}} \qquad (5-37)$$

7. 热稳定校验

高压断路器的额定短时耐受热量 $I_t^2 t$ 应不小于短路期内短路电流热效应 Q_k，即

$$I_t^2 t \geqslant Q_k \qquad (5-38)$$

二、隔离开关的选择

隔离开关应根据下列条件选择：① 型式和种类；② 额定电压；③ 额定电流；④ 动稳定；⑤ 热稳定。

隔离开关的型式和种类的选择应根据配电装置的布置特点和使用条件等因素，进行综合技术经济比较后确定。其他四项技术条件与高压断路器相同，此处不再赘述。

三、高压熔断器的选择

高压熔断器应根据下列条件选择：① 额定电压；② 额定电流；③ 开断电流；④ 保护熔断特性。

1. 按额定电压选择

熔断器的额定电压应不小于所在电网的额定电压。但对于限流式高压熔断器，则只能用在等于其额定电压的电网中。这是因为限流式熔断器熔断时有过电压发生。如果将它用在低于其额定电压的电网中，则过电压可能达到 3.5～4 倍的电网相电压，从而超过电网的绝缘水平造成危险。

2. 按额定电流选择

要求熔断器必须符合下列条件，即

$$I_{\text{NRg}} \geqslant I_{\text{NRr}} \geqslant I_{\text{max}} \qquad (5-39)$$

式中，I_{NRg} 为熔断器熔管的额定电流；I_{NRr} 为熔断器熔件的额定电流；I_{max} 为流过熔断器的最大长期工作电流。

熔件的额定电流还应按高压熔断器的保护熔断特性选择，即达到选择性熔断的要求。同时，还应考虑熔断器在运行中可能通过的冲击电流（如变压器励磁涌流，保护范围以外的短路电流、电动机自启动电流及补偿电容器组的涌流电流等）作用下，不致误熔断。

3. 按开断电流校验

按开断电流选择时，要求熔断器的额定开断电流 I_{Nbr} 应不小于三相短路冲击电流的有效值 I_{sh}（或 I''），即

$$I_{\text{Nbr}} \geqslant I_{\text{sh}}(I'') \qquad (5-40)$$

对于非限流式熔断器，选择时用冲击电流有效值 I_{sh} 进行校验；对于限流式熔断器，由于在电流通过最大值之前电路已截断，故可采用三相短路次暂态电流有效值 I'' 进行校验。

4. 按保护熔断特性校验

根据保护动作选择性的要求校验熔件的额定电流，使其保证前后两级熔断器之间或熔断器与电源侧（或负荷侧）继电保护之间动作的选择性。各种熔件的熔断时间与通过熔件的短路电流的关系曲线，由制造厂提供。此外，保护电压互感器用的熔断器，只需按额定电压和开断电流选择。

例 5－3 选择图中发电机 G1 的出口断路器 QF1。发电机参数和系统阻抗如图 5－5 所示。主保护动作时间 $t_{b1}＝0.05$ s，后备保护动作时间 $t_{b2}＝4$ s。

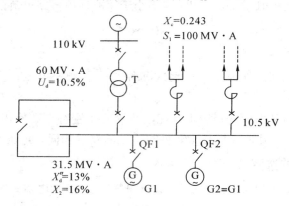

图 5－5 10.5 kV 屋内配电装置示意图

解 最大持续工作电流为

$$I_{max}＝1.05I_N＝1804 \text{ A}$$

因为发电机断路器设在 10.5 kV 屋内配电装置中，故选用 ZN12－12 型真空断路器，其主要参数见表 5－7。该型断路器的分闸时间小于 0.06 s。

开断计算时间 $t_k＝t_{b1}+t_f＝0.05+0.06＝0.11$ s

短路计算时间 $t_d＝t_{b2}+t_f＝4+0.06＝4.06$ s

当在 QF1 的下侧发生三相短路时，由上侧电力系统提供的短路电流大于发电机 G1 提供的短路电流。通过短路电流计算可得

$$I''_{(0)}＝I_{(2.03)}＝I_{(4.06)}＝39.47 \text{ kA}$$

$$i_{sh}＝2.69I''≈106.2 \text{ kA}$$

由于短路计算时间 $t_d>1$，所以短路电流热效应不考虑非周期分量发热。短路电流热效应为

$$Q_z＝\int_0^{t_d} I_t^2 \mathrm{d}t＝\frac{I''^2_{(0)}+10I^2_{(2.03)}+I^2_{(4.06)}}{12}t_d＝39.47^2×4.06≈6325 \text{ kA}^2·\text{s}$$

断路器的选择结果表如表 5－7 所示。

表 5－7 断路器的选择结果表

ZN12－12 额定参数		计算数据		ZN12－12 额定参数		计算数据	
U_e	12 kV	U	10 kV	i_{eg}	125 kA	i_{sh}	106.2 kA
I_e	2000 A	I_{max}	1804 A	i_{dw}	125 kA	i_{sh}	106.2 kA
I_{ebr}	50 kA	I_z	39.47 kA	$I_r^2 t_r$	$50^2×4$ kA²·s	Q_d	6325 kA²·s

5.4　限流电抗器的选择

电力系统中使用的电抗器，分为普通电抗器和分裂电抗器两种。普通型电抗器一般装设在发电厂馈电线路或发电机电压母线的分段上。分裂电抗器常装设在负荷平衡的双回馈电线、变压器的低压侧以及发电机回路上。两者的选择方法原则上是相同的。一般按下列项目选择和校验：① 额定电压；② 额定电流；③ 电抗百分数；④ 动稳定；⑤ 热稳定。

一、按额定电压选择

电抗器的额定电压 U_N 应大于或等于所在电网的额定电压 U_{NS}，即

$$U_N \geqslant U_{NS} \tag{5-41}$$

二、按额定电流选择

电抗器的额定电流 I_N 应大于或等于通过它的最大持续工作电流 I_{max}，即

$$I_N \geqslant I_{max} \tag{5-42}$$

对于母线分段电抗器的最大持续工作电流，应根据母线上事故切除最大一台发电机时，可能通过电抗器的电流选择，一般取该台发电机额定电流的 $50\% \sim 80\%$。

对于分裂电抗器，当用于发电厂的发电机或主变压器回路时，其最大工作电流一般按发电机或主变压器额定电流的 70% 选择；当用于变电所主变压器回路时，应按负荷电流大的一臂中通过的最大负荷电流选择。当无负荷资料时，可按主变压器额定电流的 70% 选择。

三、按电抗百分数选择

1. 普通电抗器电抗百分数的选择

（1）按将短路电流限制到要求值选择。

设要求将短路电流限制到 I''，则短路回路总电抗的标幺值 $X_{*\Sigma}$ 为

$$X_{*\Sigma} = \frac{I_B}{I''} \tag{5-43}$$

式中，I_B 为基准电流，kA；I'' 为次暂态短路电流周期分量有效值，kA。

所需电抗器的基准电抗标幺值应为

$$X_{*R} = X_{*\Sigma} - X'_{*\Sigma} = \frac{I_B}{I''} - X'_{*\Sigma} \tag{5-44}$$

式中，$X'_{*\Sigma}$ 为电源至电抗器前的系统电抗标幺值；$X_{*\Sigma}$ 为电源至电抗器后的系统电抗标幺值。

电抗器在额定参数条件下的百分比电抗为

$$X_R\% = X_{*R} \frac{I_e U_B}{I_B U_e} \times 100\% \tag{5-45}$$

$$X_R\% = \left(\frac{I_B}{I''} - X'_{*\Sigma} \right) \frac{I_e U_B}{I_B U_e} \times 100\% \tag{5-46}$$

式中，U_B 为基准电压，单位为 kV。

（2）按电压损失校验。

普通电抗器在正常工作时，其电压损失不得大于母线额定电压的 5%。对于出线电抗器尚应计及出线上的电压损失，即

$$\Delta U\% = X_{\mathrm{R}}\% \frac{I_{\max}\sin\phi}{I_{\mathrm{e}}} \leqslant 5\% \tag{5-47}$$

式中，ϕ 为负荷功率因数角，为方便计算，一般 $\cos\phi$ 取 0.8。

（3）按母线残余电压校验。

当出线电抗器未设置无时限继电保护时，应按在电抗器后发生短路，母线残余电压不低于额定值的 $60\%\sim70\%$ 校验。即

$$\Delta U_{\mathrm{cy}}\% = X_{\mathrm{R}}\% \frac{I''}{I_{\mathrm{e}}} \geqslant 60\%\sim70\% \tag{5-48}$$

2. 分裂电抗器电抗百分数的选择

分裂电抗器的电抗百分数 $X_{\mathrm{R}}\%$ 可按式(5-46)计算，但由于分裂电抗器的技术数据中只给出了单臂自感电抗 $X_{\mathrm{L}}\%$，所以还应进行换算。$X_{\mathrm{L}}\%$ 和 $X_{\mathrm{R}}\%$ 之间的关系与电源连接方式及短路点的选择有关。分裂电抗器的接线如图 5-6 所示。

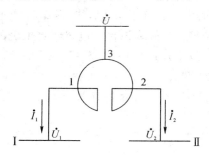

图 5-6　分裂电抗器接线图

（1）当 3 侧有电源，1 侧和 2 侧无电源，而在 1 或 2 侧短路时，$X_{\mathrm{L}}\% = X_{\mathrm{R}}\%$。

（2）当 3 侧无电源，1 侧和 2 侧有电源，1(或 2)侧短路时，$X_{\mathrm{R}}\% = 2(1+f)X_{\mathrm{L}}\%$。

（3）当 1 侧和 2 侧有电源，在 3 侧短路，或者三侧均有电源，而 3 侧短路时，$X_{\mathrm{R}}\% = 2(1-f)X_{\mathrm{L}}\%/2$。

其中 f 为分裂电抗器的互感系数，当无制造部门资料时，一般取 0.5。在正常运行条件下，分裂电抗器的电压损失很小，但两臂负荷变化所引起的电压波动却很大，故要求正常工作时两臂母线电压波动不大于母线额定电压的 5%。考虑到电抗器的电阻很小，而且电压降是由电流的无功分量在电抗器的电抗中产生的，故母线 I 上的电压为

$$U_1 = U - \sqrt{3}X_{\mathrm{R}}I_1\sin\phi_1 + \sqrt{3}X_{\mathrm{R}}fI_2\sin\phi_2 \tag{5-49}$$

因为 $X_{\mathrm{L}} = \dfrac{X_{\mathrm{L}}\%}{100} \times \dfrac{U_{\mathrm{e}}}{\sqrt{3}I_{\mathrm{e}}}$，代入式(5-49)，得

$$U_1 = U - \frac{X_{\mathrm{L}}\%}{100}U_{\mathrm{e}}\left(\frac{I_1}{I_{\mathrm{e}}}\sin\phi_1 - f\frac{I_2}{I_{\mathrm{e}}}\sin\phi_2\right) \tag{5-50}$$

将式(5-50)除以 U_{e}，可得 I 段母线电压的百分数为

$$U_1\% = \frac{U}{U_{\mathrm{e}}} \times 100 - X_{\mathrm{L}}\%\left(\frac{I_1}{I_{\mathrm{e}}}\sin\phi_1 - f\frac{I_2}{I_{\mathrm{e}}}\sin\phi_2\right) \tag{5-51}$$

同理，可得 II 段母线电压百分数为

$$U_2\% = \frac{U}{U_e} \times 100 - X_L\% \left(\frac{I_2}{I_e}\sin\phi_2 - f\frac{I_1}{I_e}\sin\phi_1 \right) \qquad (5-52)$$

式中，U_1、U_2 为 Ⅰ、Ⅱ 段母线上电压；U 为电源侧电压；I_1、I_2 为 Ⅰ、Ⅱ 段母线上负荷电流，无资料时，可取一臂为 $70\%I_N$，另一臂为 $30\%I_N$；ϕ_1、ϕ_2 为 Ⅰ、Ⅱ 段母线上的负荷功率因数角，一般可取 $\cos\phi = 0.8$；f 为分裂电抗器的互感系数。

四、动稳定和热稳定校验

电抗器的热稳定校验应满足

$$I_r^2 t_r \geqslant Q_d \qquad (5-53)$$

式中，Q_d 为电抗器后短路时短路电流的热效应；I_r 为电抗器 t_r(s) 的热稳定电流；t_r 为电抗器的热稳定时间。

电抗器的动稳定校验应满足

$$I_{es} \geqslant i_{sh} \qquad (5-54)$$

式中，i_{sh} 为电抗器后短路冲击电流；I_{es} 为电抗器的动稳定电流。

此外，由于分裂电抗器在两臂同时流过反向短路电流时的动稳定较弱，故对分裂电抗器应分别对单臂流过短路电流和两臂同时流过反向短路电流两种情况进行动稳定校验。在选择分裂电抗器时，还应考虑电抗器布置方式和进出线端子角度的选择。

例 5-4　如图 5-7 所示，已知 10.5 kV 出线拟使用 SN8-10 型断路器，其允许开断电流 $I_{Nbr} = 11$ kA，断路器 QF 全开断时间 $t_{ab} = 0.1$ s，出线保护动作时间 $t_{pr} = 1$ s，线路最大持续工作电流为 360 A，试选择出线电抗器。

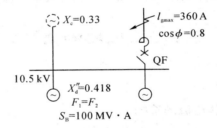

图 5-7　选择出线电抗器接线图

解　取 $S_B = 100$ MV·A，$U_B = 10.5$ kV，$I_B = 5.5$ kA。按正常工作电压和最大持续工作电流选择 NKL-10-400 型普通电抗器(N 为水泥支柱，K 为电抗器，L 为铝线)，$U_N = 10$ kV，$I_N = 400$ A。

由图 5-7 可求出电抗器前系统电抗为

$$X'_{*\Sigma} = 0.33 \times \frac{0.209}{0.33 + 0.209} = 0.128$$

令 $I'' = I_{ebr}$，由式(5-46)，得

$$X_R\% = \left(\frac{I_B}{I''} - X'_{*\Sigma} \right) \frac{I_e U_B}{I_B U_e} \times 100\% = \left(\frac{5.5}{11} - 0.128 \right) \times \frac{0.4 \times 10.5}{5.5 \times 10} \times 100\% = 2.84\%$$

若选用 $X_R\% = 3$ 的电抗器，计算表明不满足动稳定要求。故选用 NKL-10-400-4 型，其 $X_R = 4$，动稳定电流 $i_{dw} = 25.5$ kA，1 s 的热稳定电流 $I_r = 22.5$ kA。

计算电抗器后三相短路的短路电流：

电抗器的电抗标么值为

$$X_{*R} = \frac{X_R\%}{100} \frac{I_B U_e}{I_e U_B} = 0.04 \times \frac{5.5 \times 10}{0.4 \times 10.5} \approx 0.524$$

计及电抗器后的短路回路总电抗标幺值为

$$X_{*\Sigma} = X'_{*\Sigma} + X_{*R} = 0.128 + 0.524 = 0.652$$

将电力系统作为无限大容量电力系统考虑，短路电流周期分量有效值为 $I'' = 8.43$ kA。校验动、热稳定如下：

三相短路冲击电流为

$$i_{sh} = 2.55 \times 8.43 \approx 21.5 \text{ kA} < 25.5 \text{ kA}$$

短路计算时间为

$$t_d = t_{b2} + t_f = 1 + 0.1 = 1.1 \text{ s} > 1 \text{ s}$$

故不计非周期分量发热。

电抗器后短路时短路电流的热效应

$$Q_d = I^2 t_d = 8.43^2 \times 1.1 = 78.17 < I_r^2 t_r = 506.25 \text{ kA}^2 \cdot \text{s}$$

校验电抗器正常运行情况下的电压损失

$$\Delta U\% = X_R\% \frac{I_{gmax}\sin\phi}{I_e} = 4\% \times \frac{360}{400} \times 0.6 = 2.16\% < 5\%$$

校验电抗器后三相短路时母线残余电压

$$\Delta U_{cr}\% = X_R\% \frac{I''}{I_e} = 4\% \times \frac{8360}{400} = 83.6\% \geqslant 60\% \sim 70\%$$

通过上述计算，表明选用 NKL - 10 - 400 - 4 型普通电抗器满足要求。

5.5 互感器的选择

一、电流互感器的选择

1. 一次回路额定电压和电流的选择

一次回路额定电压和电流应满足电压、电流要求，即

$$U_N \geqslant U_{Ns}$$

$$I_{a1} = K I_{N1} \geqslant I_{max} \quad \text{A}$$

式中，K 为温度修正系数；I_{N1} 为电流互感器一次额定电流，单位为 A。

2. 额定二次电流的选择

额定二次电流 I_{N2} 有 5 A 和 1 A 两种，一般弱电系统用 1 A，强电系统用 5 A。当配电装置距离控制室较远时，为使电流互感器能多带二次负荷或减小电缆截面，提高准确度，应尽量采用 1 A。

3. 种类和型式选择

应根据安装地点(如屋内、屋外)、安装方式(如穿墙式、支持式、装入式等)及产品情况来选择电流互感器的种类和型式。

6～20 kV 屋内配电装置和高压开关柜，一般用 LA、LDZ、LFZ 型；发电机回路和2000 A 以上回路一般用 LMZ、LAJ、LBJ 型等；35 kV 及以上配电装置一般用油浸瓷箱式

结构的独立式电流互感器，常用 LCW 系列，在有条件，如回路中有变压器套管、穿墙套管时，应优先采用套管电流互感器，以节约投资和占地。选择母线式电流互感器时，应校核其窗口允许穿过的母线尺寸。当继电保护有特殊要求时，应采用专用的电流互感器。

4. 准确级选择

准确级是根据所供仪表和继电器的用途考虑。互感器的准确级不得低于所供仪表的准确级；当所供仪表要求不同准确级时，应按其中要求准确级最高的仪表来确定电流互感器的准确级。

（1）用于测量精度要求较高的大容量发电机、变压器、系统干线和 500 kV 电压级的电流互感器，宜用 0.2 级。

（2）供重要回路（如发电机、调相机、变压器、厂用馈线、出线等）中的电能表和所有计费用的电能表的电流互感器，不应低于 0.5 级。

（3）供运行监视的电流表功率表、电能表的电流互感器，用 0.5~1 级。

（4）供估计被测数值的仪表的电流互感器，可用 3 级。

（5）供继电保护用的电流互感器，应用 D 级或 B 级（或新型号 P 级、TPY 级）。

至此，可初选出电流互感器的型号，由产品目录或手册查得其在相应准确级下的二次负荷额定阻抗 Z_{N2}、热稳定倍数 K_t 和动稳定倍数 K_{es}。

5. 按二次侧负荷选择

作出电流互感器回路的接线图，列表统计其二次侧每相仪表和继电器负荷，确定最大相负荷。设最大相总负荷为 S_2（包括仪表、继电器、连接导线和接触电阻），S_2 应不大于互感器在该准确级所规定的额定容量 S_{N2}，即

$$S_2 \leqslant S_{N2} \quad \text{V} \cdot \text{A} \tag{5-55}$$

而 $S_2 = I_{N2}^2 Z_{21}$、$S_{N2} = I_{N2}^2 Z_{N2}$，即应满足

$$Z_{21} \leqslant Z_{N2} \quad \Omega \tag{5-56}$$

由于仪表和继电器的电流线圈及连接导线的电抗很小，可以忽略，只需计算电阻，即

$$Z_{21} = r_{ar} + r_t + r_c \quad \Omega \tag{5-57}$$

式中，Z_{21} 为二次总负荷阻抗；r_{ar} 为二次侧负荷最大相的仪表和继电器电流线圈的电阻，可由其功率 P_{max} 求得，即 $r_{ar} = P_{max}/I_{N2}^2$，其单位为 Ω；r_1 为仪表和继电器至互感器连接导线的电阻，单位为 Ω；r_c 为接触电阻，由于不能准确测量，一般取 0.1 Ω。

将式（5-57）代入式（5-56），得

$$r_1 \leqslant Z_{N2} - (r_{ar} + r_c) \quad \Omega \tag{5-58}$$

而

$$r_1 = \frac{\rho L_c}{S} \quad \Omega \tag{5-59}$$

故

$$S \geqslant \frac{\rho L_c}{Z_{N2} - r_{ar} - r_c} \quad \text{mm}^2 \tag{5-60}$$

式中，ρ 为连接导线的电阻率，铜为 1.75×10^{-2}、铝为 2.83×10^{-2}，单位为 $\Omega \cdot \text{mm}^2/\text{m}$；$L_c$ 为连接导线的计算长度，与仪表到互感器的实际距离（路径长度）l 及互感器的接线方式有关，单相接线方式 $L_c = 2l$，星形接线方式 $L_c = l$，不完全星形接线方式 $L_c = \sqrt{3}\,l$，单位为 m；

S 为在满足式(5-55)的条件下,二次连接导线的允许截面积,单位为 mm²。

选择稍大于计算结果的标准截面。为满足机械强度要求,当求出的铜导线截面小于 1.5 mm² 时,应选 1.5 mm²;铝导线截面小于 2.5 mm² 时,应选 2.5 mm²。

6. 热稳定校验

热稳定校验只需对本身带有一次回路导体的电流互感器进行。电流互感器的热稳定能力,常以 1 s 允许通过的热稳定电流 I_t 或 I_t 对一次额定电流 I_{N1} 的倍数 $K_t(K_t=I_t/I_{N1})$ 表示,故其校验式为

$$I_{t2} \geqslant Q_k \quad \text{或} \quad (K_t I_{N1})^2 \geqslant Q_k \tag{5-61}$$

7. 动稳定校验

短路电流流过电流互感器内部绕组时,在其内部产生电动力;同时,由于邻相之间短路流的相互作用,使电流互感器的绝缘瓷帽上受到外部作用力。因此,对各型电流互感器均应校验内部动稳定,对瓷绝缘型电流互感器增加校验外部动稳定。

(1) 内部动稳定校验。电流互感器的内部动稳定能力,常以允许通过的动稳定电流 i_{es} 或 i_{es} 对一次额定电流最大值的倍数 K_{es} 表示,其中,$K_{es}=i_{es}/(\sqrt{2} I_{N1})$,故其校验式为

$$i_{es} \geqslant i_{sh} \quad \text{或} \quad \sqrt{2} I_{N1} K_{es} \geqslant i_{sh} \quad \text{kA} \tag{5-62}$$

(2) 外部动稳定校验。瓷绝缘型电流互感器的外部动稳定有两种校验方法。

① 当产品目录给出瓷绝缘型电流互感器瓷帽端部的允许力 F_{al} 时,其校验方法与穿墙套管类似,即

$$F_{al} \geqslant 1.73 \times 10^{-7} \frac{L_c}{a} i_{sh}^2 \quad \text{N}$$

$$L_c = \frac{L_1+L_2}{2} \tag{5-63}$$

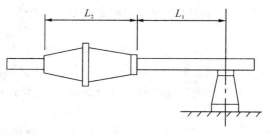

图 5-8 瓷绝缘母线式电流互感器的接线方式

式中,L_c 为电流互感器的计算跨距,m。L_1 为电流互感器出线端至最近一个母线支柱绝缘子之间的跨距,m。L_2 为电流互感器两端瓷帽的距离,对非母线型电流互感器 $L_2=0$;对母线型电流互感器 L_2 为其长度,如图 5-8 所示,m。

② 有的产品目录未标明 F_{al},只给出 K_{es}。K_{es} 一般是在相间距离 $a=0.4$ m、计算跨距 $L_c=0.5$ m 的条件下取得的。所以,当未标明 F_{al} 时,可按式(5-55)校验,即

$$\sqrt{2} I_{N1} K_{es} \sqrt{\frac{0.5a}{0.4L_c}} \geqslant i_{sh} \quad \text{kA} \tag{5-64}$$

例 5-6 选择 10 kV 出线的测量用电流互感器。已知该馈线装有电流表、有功功率表、有功电能表各一只,相间距离 $a=0.4$ m,电流互感器至最近一个绝缘子的距离 $L_1=1$ m,至测量仪表的路径长度为 $l=30$ m,当地最热月平均最高温度为 30 ℃。

解 (1) 根据电流互感器安装处电网的额定电压 $U_{Ns}=10$ kV,线路 $I_{max}=380$ A,用途及安装地点,查附表 2-25,选择 LFZ1-10 屋内型电流互感器,变比为 400/5,准确级 0.5,额定阻抗 $Z_{N2}=0.4$ Ω,热稳定倍数 $K_t=80$,动稳定倍数 $K_{es}=140$。

（2）作电流互感器回路接线图，列表统计二次负荷，如图 5-9 及表 5-8 所示。

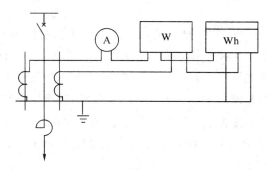

图 5-9　电流互感器回路接线图

表 5-8　电流互感器负荷

仪表名称型号	二次负荷/（V·A）	
	U 相	W 相
电流表（46L1-A）	0.35	
有功功率表（46D1-W）	0.6	0.6
有功电能表（DS3）	0.5	0.5
总　　计	1.45	1.1

（3）选择连接导线截面。可按式（5-60）选择，其最大相负荷阻抗为

$$r_{\mathrm{ar}} = \frac{P_{\max}}{I_{\mathrm{N2}}{}^2} = \frac{1.45}{25} = 0.058 \ \Omega$$

由于电流互感器为不完全星形接线，所以连接导线计算长度 $L_{\mathrm{c}} = \sqrt{3}\, l$，导线截面为

$$S \geqslant \frac{\rho L_{\mathrm{c}}}{Z_{\mathrm{N2}} - r_{\mathrm{ar}} - r_{\mathrm{c}}} = \frac{1.75 \times 10^{-2} \times \sqrt{3} \times 30}{0.4 - 0.058 - 0.1} = 3.76 \ \mathrm{mm}^2$$

故，选择截面为 4 mm² 的铜导线。

（4）热稳定校验。由式（5-61）得

$$(K_{\mathrm{t}} I_{\mathrm{N1}})^2 = (80 \times 0.4)^2 = 1024 > 77.6 \quad (\mathrm{kA})^2 \cdot \mathrm{s}$$

（5）动稳定校验。由于 LFZ1-10 型互感器为浇注式绝缘，故只需校验内部动稳定。由式（5-62）得

$$\sqrt{2}\, I_{\mathrm{N1}} K_{\mathrm{es}} = \sqrt{2} \times 0.4 \times 140 = 79.2 > 22.4 \quad \mathrm{kA}$$

二、电压互感器的选择

1. 额定电压的选择

电压互感器的一次绕组的额定电压必须与实际承受的电压相符，由于电压互感器接入电网方式的不同，在同一电压等级中，电压互感器一次绕组的额定电压也不尽相同；电压互感器二次绕组的额定电压应能使所接表计承受 100 V 电压，根据测量目的的不同，其二次侧额定电压也不相同。三相式电压互感器（用于 3～15 kV 系统），其一、二次绕组均接成

星形，一次绕组三个引出端跨接于电网线电压上，额定电压均以线电压表示，分别为 U_{Ns} 和 100 V。

单相式电压互感器，其一、二次绕组的额定电压的表示有两种情况：① 单台使用或两台接成不完全星形，一次绕组两个引出端跨接于电网线电压上（用于 3～35 kV 系统），一、二次绕组额定电压均以线电压表示，分别为 U_{NS} 和 100 V；② 三台单相互感器的一、二次绕组分别接成星形（用于 3 kV 及以上系统），每台一次绕组接于电网相电压上，单台的一、二次绕组的额定电压均以相电压表示，分别为 $U_{NS}/\sqrt{3}$ 和 $100/\sqrt{3}$ V。第三绕组（又称辅助绕组或剩余电压绕组）的额定电压，对中性点非直接接地系统为 100/3 V，对中性点直接接地系统为 100 V。

电网电压 U_{Ns} 对电压互感器的误差有影响，但 U_s 的波动一般不超过 $\pm 10\%$，故实际一次电压选择时，只要互感器的 U_{N1} 与上述情况相符即可。据上述，互感器各侧额定电压的选择可按表 5-9 进行。

表 5-9　电压互感器额定电压选择

互感器型式	接入系统方式	系统额定电压 U_{NS}/kV	互感器额定电压		
			初级绕组/kV	次级绕组/V	第三绕组/V
三相五柱三绕组	接于线电压	3～10	U_{Ns}	100	100/3
三相三柱双绕组	接于线电压	3～10	U_{Ns}	100	无此绕组
单相双绕组	接于线电压	3～35	U_{Ns}	100	无此绕组
单相三绕组	接于线电压	3～63	$U_{Ns}/\sqrt{3}$	$100/\sqrt{3}$	100/3
单相三绕组	接于相电压	110 J～500 J*	$U_{Ns}/\sqrt{3}$	$100/\sqrt{3}$	100

*J 指中性点直接接地系统。

2. 种类和型式选择

电压互感器的种类和型式应根据安装地点（如屋内、屋外）和使用技术条件来选择。

（1）3～20 kV 屋内配电装置，宜采用油浸绝缘结构，也可采用树脂浇注绝缘结构的电磁式电压互感器。

（2）35 kV 配电装置，宜采用油浸绝缘结构的电磁式电压互感器。

（3）110～220 kV 配电装置，用电容式或串级电磁式电压互感器。为避免铁磁谐振，当容量和准确度级满足要求时，宜优先采用电容式电压互感器。

（4）330 kV 及以上配电装置，宜采用电容式电压互感器。

（5）SF_6 全封闭组合电器应采用电磁式电压互感器。

3. 准确级选择

电压互感器准确级的选择原则，可参照电流互感器准确级选择。用于继电保护的电压互感器不应低于 3 级。

至此，可初选出电压互感器的型号，由产品目录或手册查得其在相应准确级下的额定二次容量。

4. 按二次侧负荷选择

（1）作出测量仪表（或继电器）与电压互感器的三相接线图，并尽可能将负荷均匀分配在各相上。

（2）列表统计其二次侧"各相间（或相）负荷分配"。据各仪表（或继电器）的技术数据（S_0、$\cos\phi_0$）及接线情况，算出其在各相间（或相）的有功功率 $S_0\cos\phi_0$ 和无功功率 $S_0\sin\phi_0$，并求出各相间（或相）的总有功功率 $\sum S_0\cos\phi_0$ 和总无功功率 $\sum S_0\sin\phi_0$，填于分配表中。

（3）求出各相间（或相）的总视在功率 S 和功率因数角 ϕ

$$\left.\begin{array}{l} S = \sqrt{\left(\sum S_0\cos\phi_0\right)^2 + \left(\sum S_0\sin\phi_0\right)^2} = \sqrt{\left(\sum P_0\right)^2 + \left(\sum Q_0\right)^2} \\[3mm] \phi = \arccos\dfrac{\sum P_0}{S} \end{array}\right\} \quad (5-65)$$

（4）将三相接线图与表 5-10 对照（S、ϕ 相当于求表中的 S、ϕ 或 S_{UV}、ϕ_{UV} 等），然后用相应公式计算出互感器每相绕组的有功、无功及视在功率。

表 5-10　电压互感器二次绕组负荷计算公式

接　线	I		II	
U	$P_U = [S_{UV}\cos(\phi_{UV}-30°)]/\sqrt{3}$ $Q_U = [S_{UV}\sin(\phi_{UV}-30°)]/\sqrt{3}$		UV	$P_{UV} = \sqrt{3}\,S\cos(\phi+30°)$ $Q_{UV} = \sqrt{3}\,S\sin(\phi+30°)$
V	$P_V = [S_{UV}\cos(\phi_{UV}+30°)+S_{VW}\cos(\phi_{UV}-30°)]/\sqrt{3}$ $Q_V = [S_{UV}\sin(\phi_{UV}+30°)+S_{VW}\sin(\phi_{UV}-30°)]/\sqrt{3}$		VW	$P_{VW} = \sqrt{3}\,S\cos(\phi-30°)$ $Q_{VW} = \sqrt{3}\,S\sin(\phi-30°)$
W	$P_W = [S_{VW}\cos(\phi_{VW}+30°)]/\sqrt{3}$ $Q_W = [S_{VW}\sin(\phi_{VW}+30°)]/\sqrt{3}$			

（5）将最大相的视在功率 S_2 与互感器一相的额定容量 S_{N2} 比较，若满足

$$S_2 \leqslant S_{N2} \quad \text{V·A} \qquad (5-66)$$

则所选择的互感器满足要求。

当发电厂、变电所的同一电压级有多段母线时，应考虑到各段电压互感器互为备用，即，当某台互感器因故退出时，运行中的互感器应能承担（通过二次侧并列）全部二次负荷。

例 5-7　选择变电所 10 kV 母线电压互感器，该变电所要求电气设备尽量无油化。已知：10 kV 母线有两个分段，每分段上有 4 回出线和一台主变压器，接有有功功率表 5 只、无功功率表 1 只、有功电能表和无功电能表各 5 只；两段公用的母线电压表 1 只，绝缘监察电压表 3 只。

解　（1）互感器种类和型式选择据该电压互感器的用途、装设地点、母线电压及无油化要求，查附表 2-26，选用 JSZW3-10 型三相五柱浇注绝缘 TV，其额定电压 10/0.1/(0.1/3) kV。由于接有计费电能表，故选用 0.5 准确级，与之对应的三相额定容量 $S_{N2}=150$ V·A。

（2）按二次负荷选择。三只互感器的原、副、辅助绕组应分别接成星-星-开口三角形。

仪表(附表 2 - 27)与互感器的连接图,如图 5 - 10 所示。各相负荷分配如表 5 - 11 所示。

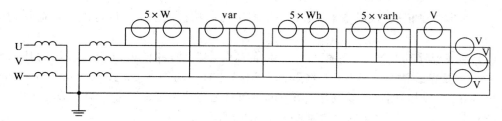

图 5 - 10　测量仪表与电压互感器的连接图

表 5 - 11　电压互感器各相负荷分配

仪表名称及型号	仪表电压线圈			仪表数目	UV 相		VW 相	
	每线圈消耗功率/(V·A)	$\cos\phi_0$	$\sin\phi_0$		P_{UV}	Q_{UV}	P_{VW}	Q_{VW}
有功功率表 46D1 - W	0.6	1		5	3.0		3.0	
无功功率表 46D1 - VAR	0.5	1		1	0.5		0.5	
有功电能表 DS1	1.5	0.38	0.925	5	2.85	6.94	2.85	6.94
无功电能表 DX1	1.5	0.38	0.925	5	2.85	6.94	2.85	6.94
电压表 46L1 - V	0.3	1		1			0.3	
总计					9.2	13.88	9.5	13.88

本例的接线属于表 5 - 10 第 I 种情况,可由表中公式求出不完全星形部分的负荷。先由式(5 - 56)得

$$S_{UV} = \sqrt{\left(\sum P_{UV}\right)^2 + \left(\sum Q_{UV}\right)^2} = \sqrt{9.2^2 + 13.88^2} = 16.65 \quad V \cdot A$$

$$\phi_{UV} = \arccos\frac{\sum P_{UV}}{S_{UV}} = \arccos\frac{9.2}{16.65} = 56.5°$$

$$S_{VW} = \sqrt{\left(\sum P_{VW}\right)^2 + \left(\sum Q_{VW}\right)^2} = \sqrt{9.5^2 + 13.88^2} = 16.82 \quad V \cdot A$$

$$\phi_{VW} = \arccos\frac{\sum P_{VW}}{S_{VW}} = \arccos\frac{9.5}{16.82} = 55.6°$$

由于 S_{UV}、S_{VW} 相当,ϕ_{UV}、ϕ_{VW} 相当,由表 5 - 11 公式可以判定 $P_V > P_U > P_W$,$Q_V > Q_W > Q_U$,即 V 相绕组负荷最大,只需求出该相负荷进行校验。在计算时,计及绝缘监察电压表($P'_V = 0.3$ W,$Q'_V = 0$),得

$$P_V = \frac{[S_{UV}\cos(\phi_{UV} + 30°) + S_{VW}\cos(\phi_{VW} - 30°)]}{\sqrt{3}} + P'_V$$

$$= \frac{[16.65\cos(56.5° + 30°) + 16.82\cos(55.6° - 30°)]}{\sqrt{3}} + 0.3$$

$$= 11.26 \text{ W}$$

$$Q_V = \frac{[S_{UV}\sin(\phi_{UV} + 30°) + S_{VW}\sin(\phi_{VW} - 30°)]}{\sqrt{3}}$$

$$= \frac{[16.65\sin(56.5° + 30°) + 16.82\sin(55.6° - 30°)]}{\sqrt{3}} = 13.20 \text{ W}$$

$$S_V = \sqrt{P_V^2 + Q_V^2} = \sqrt{11.26^2 + 13.20^2} = 17.35 < \frac{150}{3} \quad V \cdot A$$

可见，即使有一台互感器退出，另一台运行中的互感器仍能承担全部负荷（几乎加倍），故所选电压互感器满足要求。

思　考　题

(1) 电气设备选择的一般条件是什么？

(2) 校验热稳定与校验开断电器开断能力的短路计算时间有何不同？

(3) 导体的热稳定、动稳定校验在形式上与电器有何不同？

(4) 哪些导体和电器可以不校验热稳定或动稳定？

(5) 高压断路器的特殊校验项目是什么？应怎样校验？

(6) 限流电抗器的特殊选择项目是什么？应怎样选择？

(7) 电流、电压互感器的特殊选择项目是什么？应怎样选择？

(8) 已知某 10 kV 屋内配电装置汇流母线 $I_{max} = 2200$ A，三相垂直布置、导体竖放，绝缘子跨距 $L = 1.0$ m，相间距离 $a = 0.7$ m，环境温度 $\theta = 35℃$，母线保护动作时间 $t_{pr} = 0.05$ s，断路器全开断时间 $t_{ab} = 0.2$ s，母线短路电流 $I'' = 40$ kA，$I_{tk/2} = 32$ kA，$I_{tk} = 24$ kA。试选择该汇流母线及其支柱绝缘子。

(9) 某小型变电所有四条 10 kV 线路，分别向四个用户供电，从出线断路器到架空线路之间用电力电缆连接，并列敷设于电缆沟内，长度 $L = 18$ m，电缆中心距离为电缆外径的 2 倍。各线路 P_{max} 均为 1600 kW，$T_{max} = 4200$ h，$\cos\phi = 0.85$，当地最热月平均最高温度为 30℃。电缆始端短路电流为 $I'' = 4$ kA，$I_{tk/2} = 3$ kA，$I_{tk} = 2$ kA。线路保护动作时间 $t_{pr} = 1$ s，断路器全开断时间 $t_{ab} = 0.3$ s。试选择线路电缆。

(10) 已知某变电所主变压器 $S_N = 16\ 000$ kV·A、$U_{N1} = 110$ kV，最大过负荷倍数 1.5 倍，后备保护动作时间 $t_{pr} = 2$ s，高压侧短路电流 $I'' = 6.21$ kA，$I_{tk/2} = 5.45$ kA、$I_{tk} = 5.55$ kA，当地年最高温度为 40℃。试选择主变压器高压侧的断路器和隔离开关。

(11) 已知某变电所的两台所用变压器容量均为 $S_N = 50$ kV·A、$U_{N1} = 10$ kV，最大过负荷倍数 1.5 倍，高压侧短路电流 $I'' = 10.5$ kA，不考虑所用电动机自启动。试选择所用变压器高压侧的熔断器。

(12) 已知：某 10 kV 出线 $I_{max} = 350$ A，$\cos\phi = 0.8$。根据计算，选用 NKL - 10 - 400 - 4 型电抗器，其 $I_t^2 t = 22.2$ (kA)^2，$i_{es} = 25.5$ kA。电抗器后短路时，$t_k = 1.12$ s，$I'' = 8.7$ kA，$I_{tk/2} = 8.4$ kA，$I_{tk} = 8.2$ kA。对电抗器进行电压及热、动稳定校验。

(13) 选择 110 kV 线路的测量用电流互感器。已知：该线路 $I_{max} = 260$ A，装有电流表三只，有功功率表、无功功率表、有功电能表、无功电能表各一只；相间距离 $a = 2.2$ m，电流互感器至最近一个绝缘子的距离 $L_1 = 1.8$ m，至测量仪表的路径长度为 $l = 70$ m；其断路器后短路时，$i_{sh} = 25.5$ kA，$Q_k = 150$ (kA)^2·s；当地年最高温度为 40℃。

附录 1 负荷的需要系数及功率因数值

附表 1-1 用电设备组的需要系数、二项式系数及功率因数值

用电设备组名称	需要系数 K_d	二项式系数		最大容量设备台数 x①	$\cos\phi$	$\tan\phi$
		b	c			
小批生产的金属冷加工机床电动机	0.16~0.2	0.14	0.4	5	0.5	1.73
大批生产的金属冷加工机床电动机	0.18~0.25	0.14	0.5	5	0.5	1.73
小批生产的金属热加工机床电动机	0.25~0.3	0.24	0.4	5	0.6	1.33
大批生产的金属热加工机床电动机	0.3~0.35	0.26	0.5	5	0.65	1.17
通风机、水泵、空压机及电动发电机组电动机	0.7~0.8	0.65	0.25	5	0.8	0.75
非连锁的连续运输机械及铸造车间整砂机械	0.5~0.6	0.4	0.4	5	0.75	0.88
连锁的连续运输机械及铸造车间整砂机械	0.65~0.7	0.6	0.2	5	0.75	0.88
锅炉房和机加、机修、装配等类车间的吊车（$\varepsilon=25\%$）	0.1~0.15	0.06	0.2	3	0.5	1.73
铸造车间的吊车（$\varepsilon=25\%$）	0.15~0.25	0.09	0.3	3	0.5	1.73
自动连续装料的电阻炉设备	0.75~0.8	0.7	0.3	2	0.95	0.33
实验室用的小型电热设备（电阻炉、干燥箱等）	0.7	0.7	0	—	1.0	0
工频感应电炉（未带无功补偿装置）	0.8	—	—	—	0.35	2.68
高频感应电炉（未带无功补偿装置）	0.8	—	—	—	0.6	1.33
电弧熔炉	0.9	—	—	—	0.87	0.57
点焊机、缝焊机	0.35	—	—	—	0.6	1.33
对焊机、铆钉加热机	0.35	—	—	—	0.7	1.02
自动弧焊变压器	0.5	—	—	—	0.4	2.29
单头手动弧焊变压器	0.35	—	—	—	0.35	2.68
多头手动弧焊变压器	0.4	—	—	—	0.35	2.68
单头弧焊电动发电机组	0.35	—	—	—	0.6	1.33
多头弧焊电动发电机组	0.7	—	—	—	0.75	0.88
生产厂房及办公室、阅览室、实验室照明②	0.8~1	—	—	—	1.0	0
变配电所，仓库照明②	0.5~0.7	—	—	—	1.0	0
宿舍（生活区）照明②	0.6~0.8	—	—	—	1.0	0
室外照明、应急照明②	1	—	—	—	1.0	0

注：① 如果用电设备组的设备总台数 $n<2x$ 时，则最大容量设备台数取 $x=n/2$，且按"四舍五入"修约规则取整数。② 表中 $\cos\phi$ 和 $\tan\phi$ 的值均为白炽灯照明数据。如为荧光灯照明，则 $\cos\phi=0.9$，$\tan\phi=0.48$；如为高压汞灯、钠灯，则 $\cos\phi=0.5$，$\tan\phi=1.73$。

附表 1 - 2　部分工厂的全厂需要系数、功率因数及年最大有功负荷利用小时参考值

工 厂 类 别	需要系数	功率因数	年最大有功负荷利用小时数	工 厂 类 别	需要系数	功率因数	年最大有功负荷利用小时数
汽轮机制造厂	0.38	0.88	5000	量具刃具制造厂	0.26	0.60	3800
锅炉制造厂	0.27	0.73	4500	工具制造厂	0.34	0.65	3800
柴油机制造厂	0.32	0.74	4500	电机制造厂	0.33	0.65	3000
重型机械制造厂	0.35	0.79	3700	电器开关制造厂	0.35	0.75	3400
重型机床制造厂	0.32	0.71	3700	电线电缆制造厂	0.35	0.73	3500
机床制造厂	0.2	0.65	3200	仪器仪表制造厂	0.37	0.81	3500
石油机械制造厂	0.45	0.78	3500	滚珠轴承制造厂	0.28	0.70	5800

附表 1 - 3　LJ 型铝绞线的主要技术数据

额定截面/mm²	16	25	35	50	70	95	120	150	185	240
50℃的电阻 R_0/($\Omega \cdot km^{-1}$)	2.07	1.33	0.96	0.66	0.48	0.35	0.28	0.23	0.18	0.14
线间几何均距/mm	线路电抗 X_0/($\Omega \cdot km^{-1}$)									
600	0.36	0.35	0.34	0.33	0.32	0.31	0.30	0.29	0.28	0.28
800	0.38	0.37	0.36	0.35	0.34	0.33	0.32	0.31	0.30	0.30
1000	0.40	0.38	0.37	0.36	0.35	0.34	0.33	0.32	0.31	0.31
1250	0.41	0.40	0.39	0.37	0.36	0.35	0.34	0.34	0.33	0.33
1500	0.42	0.41	0.40	0.38	0.37	0.36	0.35	0.35	0.34	0.33
2000	0.44	0.43	0.41	0.40	0.40	0.39	0.37	0.37	0.36	0.35
室外气温 25℃ 导线最高温度 70℃时的允许载流量/A	105	135	170	215	265	325	375	440	500	610

注：① TJ 型铜绞线的允许载流量约为同截面的 LJ 型铝绞线允许载流量的 1.29 倍。

② 如当地环境温度不是 25℃，则导体的允许载流量应按附录表 1 - 3 所列系数进行校正。

附表 1 - 3a　LJ 型铝绞线允许载流 t 的温度校正系数（导体最高允许温度为 70℃）

实际环境温度/℃	5	10	15	20	25	30	35	40	45
允许载流量校正系数	1.20	1.15	1.11	1.05	1.00	0.94	0.89	0.82	0.75

附表 1-4　SL7 型低损耗配电变压器的主要技术数据

额定容量 $S_N/(kV \cdot A)$	空载损耗 $\Delta P_0/W$	短路损耗 $\Delta P_k/W$	阻抗电压 $U_z(\%)$	空载电流 $I_0(\%)$	额定容量 $S_N/(kV \cdot A)$	空载损耗 $\Delta P_0/W$	短路损耗 $\Delta P_k/W$	阻抗电压 $U_z(\%)$	空载电流 $I_0(\%)$
100	320	2000	4	2.6	500	1080	6900	4	2.1
125	370	2450	4	2.5	630	1300	8100	4.5	2.0
160	460	2850	4	2.4	800	1540	9900	4.5	1.7
200	540	3400	4	2.4	1000	1800	11 600	4.5	1.4
250	640	4000	4	2.3	1250	2200	13 800	4.5	1.4
315	760	4800	4	2.3	1600	2650	16 500	4.5	1.3
400	920	5800	4	2.1	2000	3100	19 800	5.5	1.2

注：本表所示变压器的额定一次电压为 6~10 kV，额定二次电压为 230/400 V，联结组为 Yyn0。

附表 1-5　SF 系列变压器的主要技术数据

型号	额定容量 /kV·A	额定电压		联结组标号	损耗/kW		空载电流 /(%)	短路阻抗 /(%)
		高压/kV	低压/kV		空载	负载		
SF11-6300/110	6300	110±2×	6.3		7.4	34.2	0.77	
SF11-8000/110	8000	2.50%	6.6		9.6	42.8	0.77	
SF11-10000/110	10000		10.5		10.6	50.4	0.72	
SF11-12500/110	12500	121±2×	11		12.5	59.9	0.72	
SF11-16000/110	16000	2.50%			15	73.2	0.67	
SF11-20000/110	20000				17.6	88.4	0.67	10.5
SF11-25000/110	25000				20.8	104.5	0.62	
SF11-31500/110	31500				24.6	126.4	0.6	
SF11-40000/110	40000			YNd11	29.4	148.2	0.56	
SF11-50000/110	50000				35.2	184.3	0.52	
SF11-63000/110	63000				41.6	222.3	0.48	
SF11-75000/110	75000		13.8		47.2	264.1	0.42	
SF11-90000/110	90000		15.75		54.4	304	0.38	
SF11-120000/110	120000		18		67.8	377.2	0.34	12~14
SF11-150000/110	150000		20		80.2	448.4	0.3	
SF11-180000/110	180000				90	505.4	0.25	

注：对于升压变压器，宜采用无分接结构。如运行有要求，则可设置分接头。

附表1-6 并联电容器的无功补偿率

补偿前的功率因数	补偿后的功率因数				补偿前的功率因数	补偿后的功率因数			
	0.85	0.90	0.95	1.00		0.85	0.90	0.95	1.00
0.60	0.713	0.849	1.004	1.333	0.76	0.235	0.371	0.526	0.85
0.62	0.646	0.782	0.937	1.266	0.78	0.182	0.318	0.473	0.80
0.64	0.581	0.717	0.872	1.206	0.80	0.130	0.266	0.421	0.75
0.56	0.518	0.654	0.809	1.138	0.82	0.078	0.214	0.369	0.69
0.68	0.458	0.594	0.749	1.078	0.84	0.026	0.162	0.317	0.64
0.70	0.400	0.536	0.691	1.020	0.86	—	0.109	0.264	0.59
0.72	0.344	0.480	0.635	0.964	0.88	—	0.056	0.211	0.54
0.74	0.289	0.425	0.580	0.909	0.90	—	0.000	0.155	0.48

附表1-7 BW型并联电容器的主要技术数据

型 号	额定容量/kvar	额定电容/μF	型 号	额定容量/kvar	额定电容/μF
BW0.4-12-1	12	240	BWF6.3-30-1W	30	2.4
BW0.4-12-3	12	240	BWF6.3-40-1W	40	3.2
BW0.4-13-1	13	259	BWF6.3-50-1W	50	4.0
BW0.4-13-3	13	259	BWF6.3-100-1W	100	8.0
BW0.4-14-1	14	280	BWF6.3-120-1W	120	9.63
BW0.4-14-3	14	280	BWF10.5-22-1W	22	0.64
BW6.3-12-1TH	12	0.96	BWF10.5-25-1W	25	0.72
BW6.3-12-1W	12	0.96	BWF10.5-30-1W	30	0.87
BW6.3-16-1W	16	1.28	BWF10.5-40-1W	40	1.15
BW10.5-12-1W	12	0.35	BWF10.5-50-1W	50	1.44
BW10.5-16-1W	16	0.46	BWF10.5-100-1W	100	2.89
BWF6.3-22-1W	22	1.76	BWF10.5-120-1W	120	3.47
BWF6.3-25-1W	25	2.0			

注：额定频率均为50 Hz。并联电容器全型号表示和含义如附图1-1所示。

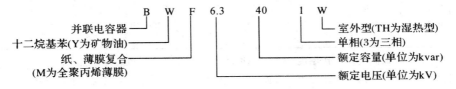

附图1-1 并联电容器全型号表示和含义

附录 2 导体及电气技术数据

附表 2-1 矩形导体长期允许载流量(A)和集肤效应系数 K_s

导体尺寸 $h \times b$ /(mm×mm)	铝导体 TMY									导体尺寸 $h \times b$ /(mm×mm)	铝导体 TMY								
	单条			双条			三条				单条			双条			三条		
	平放	竖放	K_s	平放	竖放	K_s	平放	竖放	K_s		平放	竖放	K_s	平放	竖放	K_s	平放	竖放	K_s
25×4	292	308								25×3	323	340							
25×5	332	350								30×4	451	475							
40×4	456	480		631	665	1.01				40×4	593	625							
40×5	515	543		719	756	1.02				40×5	665	700							
50×4	565	594		779	820	1.01				50×5	816	860							
50×5	637	671		884	930	1.03				50×6	906	955							
63×6.3	872	949	1.02	1211	1319	1.07				60×6	1069	1125		1650	1740		2060	2240	
63×8	995	1082	1.03	1511	1644	1.10	1908	2075	1.20	60×8	1251	1320		2050	2160		2565	2790	
63×10	1129	1227	1.04	1800	1954	1.14	2107	2290	1.26	60×10	1395	1475		2430	2560		3135	3300	
80×6.3	1100	1193	1.03	1517	1649	1.18				80×6	1360	1480		1940	2110	1.15	2500	2720	
80×8	1249	1358	1.04	1858	2020	1.27	2355	2560	1.44	80×8	1553	1690	1.10	2410	2620	1.27	3100	3370	1.44
80×10	1411	1535	1.05	2185	2375	1.30	2806	3050	1.60	80×10	1747	1900	1.14	2850	3100	1.30	3670	3990	1.60
100×6.3	1363	1481	1.04	1840	2000	1.26				100×6	1665	1810	1.10	2270	2470		2920	3170	
100×8	1547	1682	1.05	2259	2455	1.30	2778	3020	1.50	100×8	1911	2080	1.14	2810	3060	1.30	3610	3930	1.50
100×10	1663	1807	1.08	2613	2840	1.42	3284	3570	1.70	100×10	2121	2310	1.14	3320	3610	1.42	4280	4650	1.70
125×6.3	1693	1840	1.05	2276	2474	1.28													
125×8	1920	2087	1.08	2670	2900	1.40	3206	3485	1.60	120×8	2210	2400		3130	3400		3995	4340	
125×10	2063	2242	1.12	3152	3426	1.45	3903	4243	1.80	120×10	2435	2650	1.18	3770	4100	1.42	4780	5200	1.78

注：① 载流量是按最高允许工作温度70℃，基准环境温度25℃、无风、无日照计算的。

② 铜导体技术数据摘自西北电力设计院、东北电力设计院编《电力工程设计手册》(第一册)，上海人民出版社，1972。仅供参考。

附表 2-2 槽形铝导体长期允许载流量及计算数据

截面尺寸/mm				双槽导体截面/mm²	集肤效应系数 K_s	双槽导体载流量/A	截面系数 W_Y /cm²	惯性矩 I_Y /cm⁴	惯性半径 r_Y /cm	截面系数 W_X /cm²	惯矩性 I_X /cm⁴	惯性半径 r_X /cm	双槽焊成整体时				共振最大允许距离/cm	
													截面系数 W_{Y0} /cm²	惯性矩 I_{Y0} /cm⁴	惯性半径 r_{Y0} /cm	静力矩 S_{Y0} /cm³	双槽实联	双槽不实联
h	b	c	r															
75	35	4	6	1040	1.020	2280	2.52	6.2	1.09	10.1	41.6	2.83	23.7	89	2.93	14.1	—	—
75	35	5.5	6	1390	1.040	2620	3.17	7.6	1.05	14.1	53.1	2.76	30.1	113	2.85	18.4	178	114
100	45	4.5	8	1550	1.038	2740	4.51	14.5	1.33	22.2	111	3.78	48.6	243	3.96	28.8	205	125
100	45	6	8	2020	1.074	3590	5.9	18.5	1.37	27	135	3.7	58	290	3.85	36	203	123
125	55	6.5	10	2740	1.085	4620	9.5	37	1.65	50	290	4.7	100	620	4.8	63	228	139
150	65	7	10	3570	1.126	5650	14.7	68	1.97	74	560	5.65	167	1260	6.0	98	252	150
175	80	8	12	4880	1.195	6600	25	144	2.40	122	1070	6.65	250	2300	6.9	1156	263	147
200	90	10	14	6870	1.320	7550	40	254	2.75	193	1930	7.55	422	4220	7.9	252	285	157
200	90	12	16	8080	1.465	8800	46.5	294	2.70	225	2250	7.6	490	4900	7.9	290	283	157
225	105	12.5	16	9760	1.575	10 150	66.5	490	3.20	307	3400	8.5	645	7240	8.7	390	299	163
250	115	12.5	16	10 900	1.563	11 200	81	660	3.52	360	4500	9.2	824	10300	9.82	495	321	200

注：① 载流量是按最高允许工作温度70℃，基准环境温度25℃、无风、无日照计算的。

② h 为槽形铝导体高度，b 为宽度，c 为壁厚，r 为弯曲半径。

附表 2-3 裸导体载流量在不同海拔高度及不同环境温度下的综合校正系数 K

导体最高允许温度/℃	适应范围	海拔高度/m	实际环境温度/℃						
			20	25	30	35	40	45	50
70	屋内矩形、槽形、管形导体和不计日照的屋外软导体	—	1.05	1.00	0.94	0.88	0.81	0.74	0.67
80	计及日照的屋外管形导体	1000 及以下	1.05	1.00	0.94	0.87	0.80	0.72	0.63
		2000	1.00	0.94	0.88	0.81	0.74		
		3000	0.95	0.90	0.84	0.76	0.69		
		4000	0.91	0.86	0.80	0.72	0.65		
	计及日照的屋外软导体	1000 及以下	1.05	1.00	0.95	0.89	0.83	0.76	0.69
		2000	1.01	0.96	0.91	0.85	0.79		
		3000	0.97	0.92	0.87	0.81	0.75		
		4000	0.93	0.89	0.84	0.77	0.71		

附表 2-4 常用三芯(铝)电力电缆长期允许载流量(A)

缆芯截面/mm²	6 kV						10 kV				20～35 kV			
	黏性纸绝缘		聚氯乙烯绝缘		交联聚乙烯绝缘		黏性纸绝缘		交联聚乙烯绝缘		黏性纸绝缘		交联聚乙烯绝缘	
	直埋地下	置空气中	直埋地下	置空气中	直埋地下	置空气中	直埋地下	置空气中	直埋地下	置空气中	直埋地下	置空气中	直埋地下	置空气中
10	55	48	49	43	70	60	—	—	—	60	—	—	—	—
16	70	60	63	56	95	85	65	60	90	80	—	—	—	—
25	95	85	81	73	110	100	90	80	105	95	80	75	90	85
35	110	100	102	90	135	125	105	95	130	120	90	85	115	110
50	135	125	127	114	165	155	130	120	150	145	115	110	135	135
70	165	155	154	143	205	190	150	145	185	180	135	135	165	165
95	205	190	182	168	230	220	185	180	215	205	165	165	185	180
120	230	220	209	194	260	255	215	205	245	235	185	180	210	200
150	260	255	237	223	295	295	245	235	275	270	210	200	230	230
185	295	295	270	256	345	345	275	270	325	320	230	230	250	—
240	345	345	313	301	395	—	325	320	375					

注：① 基准环境温度(地下、空气)为 25℃，土壤热阻系数为 80℃·cm/W。

② 铜芯电缆的载流量约为同等条件下铝芯电缆的 1.3 倍。

附表 2-5 充油纸绝缘电力电缆(无钢铠)长期允许载流量(A)

缆芯截面/mm²	110 kV		220 kV		330 kV	
	直埋地下	置空气中	直埋地下	置空气中	直埋地下	置空气中
100	290	330				
240	400	515	390	490		
400	470	655	460	625	430	590
600	520	780	515	750	480	705
700	540	820	535	795	500	750
845			575	875		

注：① 充油电力电缆均为单芯铜线电缆。

② 直埋地下敷设条件：埋深 1 m，水平排列中心距 250 mm，缆芯最高允许工作温度 75℃，环境温度 25℃，土壤热阻系数 80℃·cm/W，护层两端接地。

③ 空气中敷设条件：水平靠紧排列，缆芯最高允许工作温度 75℃，环境温度 30℃，护层两端接地。

④ 在上述条件下，若护层一端接地，载流量可大于表中数值。

附表 2-6 电缆芯最高允许工作温度(℃)

电 缆 种 类	额 定 电 压/kV			
	6	10	20～35	110～330
黏性纸绝缘	65	60	50	—
聚氯乙烯绝缘	65	—	—	—
交联聚乙烯绝缘	90	90	80	—
充油纸绝缘	—	—	75	75

附表 2-7　不同环境温度时电缆载流量的校正系数 K_t

缆芯工作温度/℃	环境温度/℃								
	5	10	15	20	25	30	35	40	45
50	1.34	1.26	1.18	1.09	1.0	0.895	0.775	0.623	0.447
60	1.25	1.20	1.13	1.07	1.0	0.926	0.845	0.756	0.655
65	1.22	1.17	1.12	1.06	1.0	0.935	0.865	0.791	0.707
80	1.17	1.13	1.09	1.04	1.0	0.954	0.905	0.853	0.798

附表 2-8　电线电缆在空气中多根并列敷设时载流量的校正系数 K_1

线缆根数		1	2	3	4	6	4	6
排列方式		○	○○	○○○	○○○○	○○○○○○	○○ / ○○	○○○ / ○○○
线缆	$S=d$	1.0	0.9	0.85	0.82	0.80	0.8	0.75
中心	$S=2d$	1.0	1.0	0.98	0.95	0.90	0.9	0.90
距离	$S=3d$	1.0	1.0	1.0	0.98	0.96	1.0	0.96

注：① d 为线缆外径，s 为相邻线缆中心线距离。

　② 附表 2-8 为线缆外径 d 相同时的载流量校正系数；当 d 不相同时，建议 d 取平均值。

附表 2-9　不同土壤热阻系数时电缆载流量的校正系数 K_3

缆芯截面/mm²	土壤热阻系数/(℃·cm/W)				
	60	80	120	160	200
2.5~16	1.06	1.0	0.90	0.83	0.77
25~95	1.08	1.0	0.88	0.80	0.73
120~240	1.09	1.0	0.86	0.78	0.71

注：土壤热阻系数的选取：潮湿土壤取 60~80(指沿海、湖、河畔地带及雨量较多地区，如华东、华南地区等)；普通土壤取 120(指平原地区，如东北、华北地区等)；干燥土壤取 160~200(指高原地区、雨量较少的山区、丘陵、干燥地带)。

附表 2-10　电缆直接埋地多根并列敷设时载流盆的校正系数 K_4

电缆间净距/mm	并 列 根 数											
	1	2	3	4	5	6	7	8	9	10	11	12
100	1.0	0.90	0.85	0.80	0.78	0.75	0.73	0.72	0.71	0.70	0.70	0.69
200	1.0	0.92	0.87	0.84	0.82	0.81	0.80	0.79	0.79	0.78	0.78	0.77
300	1.0	0.93	0.90	0.87	0.86	0.85	0.85	0.84	0.84	0.83	0.83	0.83

附表 2 – 11   常用三芯电力电缆的电阻电抗及电纳值

缆芯截面/mm²	电阻/(Ω/km)		电抗/(Ω/km)				电纳/(10⁻⁶ S/km)			
	铜芯	铝芯	6 kV	10 kV	20 kV	35 kV	6 kV	10 kV	20 kV	35 kV
10			0.100	0.113			60	50		
16			0.094	0.104			69	57		
25	0.74	1.28	0.085	0.094	0.135		91	72	57	
35	0.52	0.92	0.079	0.083	0.129		104	82	63	
50	0.37	0.64	0.076	0.082	0.119		119	94	72	
70	0.26	0.46	0.072	0.079	0.116	0.132	141	100	82	53
95	0.194	0.34	0.069	0.076	0.110	0.126	163	119	91	68
120	0.153	0.27	0.069	0.076	0.107	0.119	179	132	97	72
150	0.122	0.21	0.066	0.072	0.104	0.116	202	144	107	79
185	0.099	0.17	0.066	0.069	0.100	0.113	229	163	116	85
240			0.063	0.069			257	182		
300			0.063	0.066						

附表 2 – 12   支柱绝缘子主要技术数据

型号	额定电压/kV	绝缘子高度/mm	机械破坏负荷/kN	型号	额定电压/kV	绝缘子高度/mm	机械破坏负荷/kN
ZL – 10/4	10	160	4	ZS – 15/4T	15	260	4
ZL – 10/8	10	170	8	ZSX – 15/4T	15	260	4
ZL – 10/16	10	185	16	ZS – 20/8	20	350	8
ZL – 10/4G	10	210	4	ZS – 20/10	20	350	10
ZL – 20/16	20	265	16	ZS – 20/16	20	350	16
ZL – 20/30	20	290	30	ZS – 20/20	20	370	20
ZL – 35/4Y	35	380	4	ZS – 20/30	20	400	30
ZL – 35/4	35	380	4	ZS – 35/4	35	400	4
ZL – 35/8	35	400	8	ZS – 35/6L	35	420	6
ZLA – 35GY	35	445	4	ZS – 35/8	35	420	8
ZLB – 35GY	35	450	7.5	ZS – 35/16	35	500	16
ZS – 10/4	10	210	4	ZS – 35/4G	35	480	4
ZS – 10/5	10	220	5	ZSX – 35/4	35	420	4

附表 2－13 穿墙套管主要技术数据

型　　号		额定电压 /kV	额定电流/A （母线型套管内径/mm）	瓷套长度 /mm	机械破坏负荷 /kN
屋内	CB－10	10	200、400、600、1000、1500	350	7.5
	CC－10	10	1000、1500、2000	449	12.5
	CB－35	35	400、600、1000、1500	810	7.5
	CM－12－86	12	内径 86	480	20
	CM－12－105	12	内径 105	484	23
	CM－12－142	12	内径 142	487	30
	CM－12－160	12	内径 160	488	8
	CM－24－130	24	内径 130	720	23
	CM－24－330	24	内径 330	782	40
屋外	CMLR2－10	10	200、400、600、1000、1500	394	7.5
	CMLC2－10	10	2000、3000	435	12.5
	CMLC2－20	20	2000、3000	595	12.5
	CMLB2－35	35	400、500、1000、1500	830	7.5
	CMW－24－180	24	4000A，内径 180	805	20
	CMW－24－330	24	8000A，内径 330	805	40
	CMW－40.5－320	40.5	6000A，内径 320	942	40

附表 2－14 穿墙套管热稳定电流

额定电流/A	热稳定电流(kA)不小于	
	铜导体、10 s	铝导体、5 s
200	3.8	3.8
400	7.2	7.6
600	12	12
1000	18	20
1500	23	30
2000	27	40
2500	29	—
3000	31	60

附表 2-15 10 kV 断路器技术数据

型号	额定电压/kV	额定电流/A	额定开断电流/kA	额定关合电流（峰值 kA）	动稳定电流（峰值）kA	热稳定电流/kA				固有分闸时间/s	合闸时间/s	操动机构	备注
						2 s	3 s	4 s	5 s				
SN10-10 I	10	630, 1000	16	40	40	16				≤0.06	≤0.20	CD10-I, II	华通等
SN10-10 II	10	1000	31.5	80	80	31.5				≤0.06	≤0.20	CD10-II	华通等
SN10-10 III	10	1250, 2000, 3000	40	125	130			40		≤0.06	≤0.20	CD10-III	华通等
SN4-10G	10	5000	105		300				120	0.15	0.65		锦开等
SN5-20G	20	6000	105		300				120	0.15	0.65		锦开等
ZN5-10 II	10	630, 1000	20	50	50			20		≤0.05	≤0.1	专用电磁式	西电等
	10	1250	25	63	63			25		≤0.05	≤0.15		
ZN12-10	10	1250, 2500	31.5	80	80			31.5		≤0.065	≤0.075	专用弹簧式	北开引自西门子
	10	1600, 2000, 3150	50	125	125		50			≤0.065	≤0.075		
ZN18-10	10	630	25	63	63		25			≤0.03	≤0.045	专用弹簧式	南洋电器厂引自东芝
ZN22-10	10	1250, 1600, 2000(2500, 3150)	40	100	100			40		≤0.05	≤0.075	专用弹簧式	天津津海开
ZN32-10	10	1600, 2500, 3150	40	100	100		40			≤0.05	≤0.08	专用弹簧式	天水长坡开
LN-10	10	2000	40	100	110		43.5			≤0.06	≤0.06	专用弹簧式	锦开
LN2-10 II	10	1250, 1600	31.5	80	80	31.5				≤0.06	≤0.15	CT8 或 CT12	天津开关等
HB10	10	1250, 1600, 2000	40	100	100		43.5			≤0.06			华通引自 BBC 公司 SF₆ 产品
ZW14A-12	12	630	20	50	50			20		≤0.06	≤0.07	弹簧式	湖北开关厂
LW3-10 III	10	400	6.3	16	16			6.3		≤0.04	≤0.06	电磁式	河南等
	10	630	12.5	31.5	31.5			12.5					

注：派生系列（包括同一型号中不同的额定电流）的技术数据，凡未标出者均与原型相同，下同。

附表 2－16　35 kV 断路器技术数据

型号	额定电压/kV	额定电流/A	额定开断电流/kA	额定关合电流(峰值)/kA	动稳定电流(峰值)/kA	热稳定电流/kA 2 s	热稳定电流/kA 3 s	热稳定电流/kA 4 s	固有分闸时间/s	合闸时间/s	重合闸无电流时间/s	操动机构	备注
DW6－35	35	400	6.6		19			6.6	≤0.1	≤0.27		CD10	华通
DW8－35	35	600、1000	16.5		41			16.5	≤0.07	≤0.3		CD11－XI	
DW13－35	35	1250	20	50	50			20	≤0.07	≤0.35		CD11－XII	西开
DW13－351	35	1600	31.5	80	80			31.5	≤0.07	≤0.35			
SW2－35	35	600	6.6		17			6.6	0.06	0.12		CT2－XGII 或 CD3－XG	华通
SW2－35II		1000	24.8		63.4			24.8	0.06	0.4			
		1500、2000	24.8		63.4			24.8	0.06	0.4			
SW4－351	35	1250	16	40	40			16	0.12	0.18		CD15－I	平顶山
KW6－35	35	2000	20		55			21	0.03	0.06	0.25		
SN10－35	35	1000	16.5	42	42			16.5	0.06	0.25		CD10－II	福开、西电北
SN10－35II	35	1250	20	50	50			20	≤0.06	≤0.25		CD10－IV	京、湖北
ZN－35	35	630	8	20	20			8	≤0.06	≤0.20	≥0.5	CD2－40GII	沈开、西电等
		1250	16	40	40			16					
ZN72－40.5	40.5	1250、1600、2000	31.5	80	80			31.5	≤0.07	≤0.09		CT□	湖北
ZW30－40.5	40.5	1600	31.5	80	80			31.5	≤0.065	≤0.1		CT17－IVB	河南、宁波
LN2－35III	35	1250、1600	25	63	63			25	≤0.06	≤0.2		CT12－II	天津开等
HB35	36	1250、1600、2000	25	63	80		25		≤0.06	≤0.06			华通引自BBC公司SF₆产品
LW835	35	1600	25	63	63			25	≤0.06	≤0.1		CT14	苏州、湖南

附表 2-17 110 kV 断路器技术数据

型号	额定电压/kV	额定电流/A	额定开断电流/kA	额定关合电流(峰值)/kA	动稳定电流(峰值)/kA	热稳定电流/kA 3s	4s	5s	固有分闸时间/s	合闸时间/s	全开断时间/s	重合闸无电流时间/s	操动机构	备注
SW2-110Ⅲ	110	1600 2000	40	100	100		40		≤0.04	≤0.20		≥0.3	CY5-Ⅱ	沈开
SW4-110	110	1000	18.4		55			21	0.06	0.25			CT6-XG	华通
SW4-110Ⅲ		1250	31.5	80	80		31.5		≤0.05	≤0.18		0.3		
SW6-110	110	1200	31.5	80	80		31.5		0.04	0.20	0.07	0.3	CY3	西开
SW6-110Ⅰ		1500	31.5	80	80		31.5		0.035	0.20	0.06	0.3	CY3-Ⅲ	
KW4-110	110	1500	26.3		90		26.3		0.04	0.15		0.25		
ELFSL2-1	110	2500 3150	40	100	100				0.026		0.051		气动	华通引自 ABB 公司 SF6 产品，屋外
OFPI-110 (OFPT(B)-110)	110	1250 (1600) 2000 3150 4000)	31.5 40 50*	80 100 125*	80 100 125*	31.5 40 50*			<0.03	≤0.12	0.06		液压或气动	沈开引自日立公司 SF6 产品，屋外瓷瓶式
SFM-110 (SFMT-110)	110	2000 (2500) 3150 4000)	31.5 40 50	80 100 125	80 100 125	31.5 40 50			0.025		0.06, 0.06*	0.3	气动	西开引自三菱公司 SF6 产品，屋外瓷瓶式

注：沈开引自日立公司的产品及西开引自三菱公司的产品，还分别有屋外罐式 OFPT(B)-110 和SFMT-110系列，表中 * 表示罐式参数，罐式的其他参数与瓷瓶式相同。下同。

附表2-18 220 kV断路器技术数据

型号	额定电压/kV	额定电流/A	额定开断电流/kA	额定关合电流(峰值 kA)	动稳定电流(峰值 kA)	热稳定电流/kA 3 s	热稳定电流/kA 4 s	热稳定电流/kA 5 s	固有分闸时间/s	合闸时间/s	全开断时间/s	重合闸无电流时间/s	操动机构	备注
SW2-220Ⅲ	220	1600 2000	31.5 40	80 100	80 100		31.5 40		≤0.045 ≤0.04	≤0.20		≥0.3	CY-A CY5-Ⅱ	沈开
SW4-220 SW4-220Ⅲ	220	1000 1250	18.4 31.5	80	55 80		31.5	21	0.06 ≤0.045	0.25 ≤0.18		0.3 0.3	CT6-XG	华通
SW6-220 SW6-220Ⅰ	220	1200 1500	21 31.5 31.5	53 80 80	53 80 80		21 31.5 31.5		0.04 0.035	0.20 0.20	0.07 0.06	0.3 0.3	CY3 CY3-Ⅲ	西开
KW4-220	220	1500	26.3		90		26.3		0.04	0.15		0.25		华通
LW-220Ⅰ	220	1600	40	100	100	40			≤0.04	≤0.15	≤0.06	0.3	CY	
LW2-220	220	2500	31.5 40 50	80 100 125	80 100 125	3.15 40 50			≤0.03	≤0.09	≤0.05	0.3	液压	西开与南斯拉夫联合设计
LW6-220	220	2500 3150	40 50	100 125	100 125	50			≤0.03	≤0.09	≤0.05		液压	沈开引自法国MG公司FA系列,瓷瓶式
ELFSL4-1 ELFSL4-2	220	2500 (3150 4000) 4000)	40 50	100 125	100 125	40 50			0.02 0.021		<0.05 0.05		气动	华通引自ABB公司SF₆产品,屋外
OFPL-220 (OFPT(B)-220)	220	1250 (1600) 2000 3150 4000)	40 50 63*	100 125 160*	100 125 160*	45, 40* 50* 63*			0.03/ 0.02	0.12	0.06/ 0.04		气动/液压	沈开引自日立公司SF₆产品,屋外瓷瓶式
SFM-220 (SFMT-220)	220	2000 (2500) 3150 4000)	40 50 63	100 125 160	100 125 160	40 50 63			0.025/ 0.03	0.10*	0.05, 0.06* /0.04	0.3	气动/液压	西开引自三菱公司SF₆产品,屋外瓷瓶式

附表 2-19　隔离开关技术数据

型号	额定电压/kV	额定电流/A	动稳定电流(峰值 kA)	5 s 热稳定电流/kA	备注
GN5-6(GN5-10)、GN6-6T(GN6-10T)、GN8-6T(GN8-10T)	5(10)	200 400 600	25.5 52 52	10 14 20	GN8穿墙结构
GN19-10、GN19-10C、GN19-10XT、GN19-10XQ、GN24-10D、GN30-10(D)	10	400 630 1000 1250	31.5 50 80 100	12.5(4 s) 20(4 s) 31.5(4 s) 40(4 s)	GN30无1250A产品
GN2-10	10	1000 2000 3000	80 85 100	40 51 70	
GN22-10(D)	10	2000 3150	100 125	40(2 s) 50(2 s)	
GN3-10	10	3000 4000	200	120	
GN10-10T	10	3000 4000 5000 6000	160 160 200 200	75 80 100 105	
GN2-20	20	400	50	10(10 s)	
GN23-20	20	2500 5000 8000	150 250 300	63(3 s) 100(3 s) 120(3 s)	
GN10-20	20	6000 8000 9100	224	74(10 s)	

型号	额定电压/kV	额定电流/A	动稳定电流(峰值 kA)	4 s 热稳定电流/kA	备注
GN21-20	20	10000 12500	400 250	149(2 s) 105(5 s)	
GN2-35T、GN 13-35	35	400 600	52 64	14(5 s) 25(5 s)	GN13穿墙结构 热稳定电流 4 s
GN6-35T	35	1000	75	30(5 s)	
GN16-35	35	1250 2000	63 64	25 25	
GW4-35(D)、GW5-35Ⅱ(D)	35	630 1000 1250 1600 2000	50(100) 80(100) 80(100) 100 100	20 25(31.5) 31.5 31.5 40(31.5)	双柱式,括号内为GW5数据
GW13-35、GW13-110	35,110	630	55	16	中性点隔离开关
GW4-110、GW5-110*	110				
GW4-220(D)	220	630 1000 1250	50 80 100	20 21.5 40	双柱水平伸缩
GW11-220(D)、GW17-220(D)	220	1600 2500	125 125	50 50	
GW6-220(D)、GW10-220(D)	220	2500 3150	1000 125	40(3 s) 50(3 s)	剪刀式,单柱
GW16-220(D)	220	250	125	30(3 s)	垂直伸缩
GW7-220(D)	220	600 1000 1250	55 80 80	16 31.5(3 s) 31.5(3 s)	

注: GW4-110(D)、GW5-110Ⅱ(D)的额定电流系列、动稳定电流、热稳定电流分别与GW4-35(D)、GW5-35Ⅱ(D)相同。

附表 2－20　负荷开关主要技术数据

型　号	额定电压/kV	额定电流/A	额定开断电流/kA	额定短路关合电流峰值/kA	动稳定电流峰值/kA	热稳定电流/kA	操动机构	备　注
FN2－10 FN2－10(R)	10 10	400 400	1.25 1.2		40 25	16(4 s) 8.5(4 s)	CS4,CS4－T	压气式
FN3－10(R)	10	400	1.45	15	25	9.5(4 s)	CS2、CS3 或 CS4、CS4－T	压气式
FN5－10(R)	10	400 630 1250	0.4 0.63 0.125	40 40 50	40 40 50	16(4 s) 16(4 s) 20(4 s)	CS6－1	产气式
FN7－10	10	200	0.4	31.5	31.5	12.5(4 s)		产气式
MFF－10	10	200	0.4	31.5	31.5	12.5(2 s)		产气式,配有熔断器
FN16A－12D	12	630	630	50	50	20(3 s)		真空灭弧
FZN21－12D/T	12	630	630	50	50	20(3 s)		真空灭弧
FLN□－12D	12	630	630	50	50	20(3 s)		SF₆ 灭弧
FKN□－12D	12	630	630	63	63	25(4 s)		
FW5－10	10	200	1.25	3.15	10	4(4 s)	绝缘棒	产气式
FW9－10R	10	6.3	6.3(A)	0.4	4	1.6(2 s)		
FW11－10	10	400	6.3	16	16	6.3(4 s)		SF₆ 灭弧
FKW17－12、 FKW18A－12/T	12	630	630	40	40	16(4 s)		
FZW□－12	12	630	630	40				真空灭弧
FSW□－12	12	630	630	40	40	16(4 s)		少油灭弧
FKW29－40.5D/T	40.5	400		31.5	31.5	12.5(4 s)	手动、电动	产气式

附表 2－21　限流式熔断器主要技术数据

	型　号	额定电压/kV	额定电流/A	最大开断容量/(MV·A)	最大开断电流/kA	备　注
屋内	RN1－6、RN5－6、RN6－6 RN1－10、RN5－10 RN1－35	6 10 35	20、75、100、200、300 20、50、100、150、200 7.5、10、20、30、40	200	20(40) 12 3.5	括号内为 RN6－6 数据
	RN2－6、RN2－10、RN2－15、 RN2－20、RN2－35	6、10、15 20、35	0.5	1000		
	RN3－6、RN3－10 RN3－35	6、10 35	50、75、200 7.5	200		
	RN4－6、RN4－10 RN4－20	6、10 20	0.5 0.35	1000 4500		
	XRNM1－6	6	160、224		40	引进技术
	XRNT1－10	10	40、50、100、125		50	
	XRNT2－10、XRNT□－15.5	10、15.5	63		50	
屋外	RW5－35G RW5－35 RW5－35	35 35 35	50 100 200	200 400 800		
	RW7－10	10	50 100、200	75 100		
	RW9－10 RW9－15 RW9－35 RW9－35	10 15 35 35	100 200 0.5 2	100 150 2000 600		
	RW10－10F RW10－35 RW10－35	10 35 35	50、100、200 0.5 2、3、5、7.5、10	200 2000 600		
	RXW0－35	35	0.5 2、3、5	1000 200		
	RW11－10、RW11－10B、 PRWG1－10	10	100		6.3	RW11－10B 为熔 断器-避雷器组合

注：① 国产熔断器熔体额定电流系列(A)：2、3、5、7、5、10、15、20、30、40、50、75、100、150、200、
　　　300、400。

　　② 引进技术熔断器熔体额定电流系列与国产系列不同。

附表 2－22　重合器主要技术数据

型号	灭弧介质	额定电压/kV	额定电流/A	最大开断电流/kA	动稳定电流峰值/kA	热稳定电流/kA	重合间隔时间/s	复位时间/s	额定最小脱扣(动作)电流/A	生产
LCHW－10	SF_6		400			6.3(4 s)	t_1:0.5;2.5;10;15;30;60;120 t_2、t_3:2.5;10;15;30;60;120	5;7.5;10;15;20;30;35;40;50;60;75;90;120;180	100;200;300;400;500;600;700;800;900	湛江高压电器总厂,川东高压电器厂
LCW1－10	SF_6	10	400	6.3	16	6.3(2 s)	t_1、t_2、t_3:1~60(可选择)	5~180(可选择)	相间故障:同LCHW型;接地故障:4;8;12;16;20;24;28;36	福州第二开关厂(电科院研制)
YCW－10	油		125~400			6.3(2 s)	t_1、t_2、t_3:2	90	250;320;400;500;630;800	沈阳黎明发动机公司,浙江慈溪电器开关厂
ZCW－10	真空		400			6.3(4 s)				沈阳黎明发动机公司
PMR12	SF_6	11	400 560	6 13.1	15.4 34	6(3 s) 13.1(3 s)	0.25;1;2;5;10;15;30;60可调	10;15;20;30;60;90;120;180可调	相间故障:(25%~225%)TA的I_N 接地故障:(10%~80%)TA的I_N	Bruch 公司
PMR15	SF_6	13.8	400 560	6 12	15.4 30.8	6(3 s) 12(3 s)				
PMR27	SF_6	24.9	560	10	26.2	10(3 s)				
PMR38	SF_6	34.5	560	8	20.5	8(3 s)				
ESR	SF_6	14.4	400	6	15.3	6(3 s)	1~60 可选	5~180 可选	(25%~225%)TA的I_N	英国 Reyrolle 公司
OYT	油	14.4	250	6	13.4		1~2 可选	90	15~400 可选	

注：① 灭弧介质为 SF_6 和真空的重合器,控制方式均为"电子控制";灭弧介质为油的重合器,控制方式为"液压控制"。

② 各型重合器的典型操作顺序均为：分—t_1—合、分—t_2—合、分—t_3—合、分—闭锁。

附表 2 - 23　10 kV XKSCKL 型干式空芯限流电抗器技术数据

型　号	额定电压/kV	额定电流/A	电抗率/(%)	额定电抗/Ω	单相容量/kvar	75 ℃时一相额定损耗/W	稳定性 动稳定电流（峰值 kA）	稳定性 2 s 热稳定电流(kA)
XKSCKL - 10 - 200 - 4	10	200	4	1.212	48.5	2040	12.8	5.0
XKSCKL - 10 - 200 - 5			5	1.516	60.6	1910	10.2	4.0
XKSCKL - 10 - 200 - 6			6	1.819	72.7	2170	8.5	3.3
XKSCKL - 10 - 200 - 8			8	2.425	97.0	2610	6.4	2.5
XKSCKL - 10 - 400 - 4	10	400	4	0.606	97.0	3000	25.5	10.0
XKSCKL - 10 - 400 - 5			5	0.758	121	3160	20.4	8.0
XKSCKL - 10 - 400 - 6			6	0.909	145	3900	17.0	6.7
XKSCKL - 10 - 400 - 8			8	1.212	194	4480	12.8	5.0
XKSCKL - 10 - 400 - 10			10	1.516	242	5220	10.2	4.0
XKSCKL - 10 - 600 - 4	10	600	4	0.404	145	3320	38.3	15.0
XKSCKL - 10 - 600 - 5			5	0.505	182	4000	30.6	12.0
XKSCKL - 10 - 600 - 6			6	0.606	218	4900	25.5	10.0
XKSCKL - 10 - 600 - 8			8	0.808	291	5800	19.1	7.5
XKSCKL - 10 - 600 - 10			10	1.010	364	6710	15.3	6.0
XKSCKL - 10 - 800 - 4	10	800	4	0.303	194	4250	51.0	20.0
XKSCKL - 10 - 800 - 5			5	0.379	242	4990	40.8	16.0
XKSCKL - 10 - 800 - 6			6	0.455	291	5700	34.4	13.3
XKSCKL - 10 - 800 - 8			8	0.606	388	6100	25.5	10.0
XKSCKL - 10 - 800 - 10			10	0.758	485	6850	20.4	8.0
XKSCKL - 10 - 1000 - 4	10	1000	4	0.242	242	5350	63.8	25.0
XKSCKL - 10 - 1000 - 5			5	0.303	303	6330	51.0	20.0
XKSCKL - 10 - 1000 - 6			6	0.364	364	6230	42.5	16.7
XKSCKL - 10 - 1000 - 8			8	0.485	485	6810	31.9	12.5
XKSCKL - 10 - 1000 - 10			10	0.606	606	8900	25.5	10.0
XKSCKL - 10 - 1000 - 12			12	0.727	727	10200	21.3	8.33

注：XK 为限流（第一、二字母）；S 为三相（第三字母）；C 为成型固体或干式（第四字母）；K 为空芯（第五字母）；L 为铝线。

附表 2 - 24　10 kV FKL 限流分裂电抗器技术数据

型　号	额定电压/kV	每臂额定电流/A	额定电抗/(%)	通过容量/(kV·A)	每臂电感量/mH	75 ℃时一相中的损耗/kW	动稳定电流（峰值 kA）两臂电流方向相同	动稳定电流（峰值 kA）两臂电流方向相反	1 s 热稳定电流/kA
FKL - 10 - 2×750 - 6	10	750	6	3×8650	1.47	11.6	31.9	13.8	37.9
			8		1.84	16.36	23.9	13.4	35.8
FKL - 10 - 2×1000 - 10	10	1000	10	3×11 560	1.84	21.56	25.5	17.2	36.6
FKL - 10 - 2×1500 - 8	10	1500	8	3×17 320	0.98	24.9	47.8	16.1	55.8

附表 2－25 电流互感器技术数据

型号	额定电流比/A	级次组合	准确级次	0.2 /Ω	0.5 /Ω	1 /Ω	3 /Ω	B,D /Ω	5P /(V·A)	10P /(V·A)	10%倍数 二次负荷/Ω	10%倍数 倍数	1 s热稳定 电流/kA	1 s热稳定 倍数	动稳定 电流/kA	动稳定 倍数	备注
LA－10①	5～200/5	0.5/3 1/3	0.5 1 3	0.4								10		90		160	
	300～400/5				0.4							10		75		135	
	500/5						0.6					10		60		110	
	600～1000/5													50		90	
LAJ－10② LBJ－10	20～200/5	0.5/D 1/D D/D			0.6	1.0		0.6				15		120		215	括号内为D级的10%倍数
	400/5				0.8	1.0		0.8				10(15)		75		135	
	600～800/5				1.0	1.0		0.8				10(15)		50		90	
	1000～1500/5				1.2	1.6		1.0				10(15)		50		90	
	2000～6000/5				2.4	2.0		2.0				10(15)		50		90	
LFZ1－10	5～300/5	0.5/B 1/B,B/B			0.4	0.4		0.6				(12)		90		160	括号内为B级的10%倍数
	400/5				0.4	0.4		0.6				(12)		80		110	
LFZ2－10	75～200/5	0.5/D D/D	0.5 D		0.8									120		210	
	300～400/5							1.2				15		80		160	
LFZJB6－10	150/5	0.5/B	0.5 B		0.4								22.5		44		
	200～300/5							0.6				15	24.5		44		
LDZJ1－10	600～1500/5	0.5/3、1/3 0.5/D、D/D			1.2	1.6 / 1.2	1.2	1.6				(15)		50		90	括号内为3、B级的10%倍数
LDZB6－10	400～500/5	0.5/B			0.8			1.2				15	31.5(2 s)		80		
LQJC－10	5～100/5	0.5/D 1/D	0.5 1 D		0.4	0.6						6		90		225	
	150～400/5					0.4		0.6				6 / 15		75		160	
LZZJB6－10	150/5	0.5/B	0.5 B		0.4								22.5		44		
	200～400/5							0.6				15	24.5		44		
	500～800/5												33		59		
	1000～1500/5												41		74		
LMZJ1－10	2000～3000/5	0.5/D D/D	0.5 D		2.4	2.4		4.0				15					
LQZ－35	15～600/5	0.5/D	0.5 D		2.0	4.0 / 1.2	3.0				0.8	35		65		100	
L－35	75～200/5	0.5/B	0.5 B		2.0					2.0	20			65		167～170	
	300/5													65		140	
	400/5													41.5		105	

型号	额定电流比/A	级次组合	准确级次	0.2	0.5	1	3	B,D	5P	10P	10%倍数 二次负荷/Ω	10%倍数 倍数	1s热稳定 电流/kA	1s热稳定 倍数	动稳定 电流/kA	动稳定 倍数	备注
				/Ω	/Ω	/Ω	/Ω	/(V·A)	/(V·A)	/(V·A)							
LB－35	75~200/5	0.5/B1/B2	0.5		2.0						2.0	15	65		165~167		
	300/5	0.5/0.5/B2	B1								2.0	20	55		140		
	400/5	B1/B2/B2	B2										42.5		109		
LCW－35	15~1000/5	0.5/3	0.5 3		2	4	2				2 2	28 5	65		100		
L－110	50~200/5	0.5/B B	0.5 B		1.6						1.6	15	75		178~179		
	300/5												70		1178		
	400/5												52.5		134		
LB－110 LB1－110	2×50~2×200/5	0.5/B B/B	0.5 B		2.0						2.0	15	73~75		178~187		
	2×300/5												70		183		
	2×400/5												52.5		138		
LCWB4－110	(2×50－2×300)/5	0.5/B1 B2/B3	0.5 B1 B2 B3		2						2.4 2.4 2.0	30 20 20	75		135		
LB9－220	4×300/5 (有中间抽头)	B/B/B B/0.5/0.2	0.2 0.5 B		2.0	1.2					2.4 2.4 2.4	15 15 15	42		78		
LCW－220	4×300/5	0.5/D D/D	0.5 D		2 1.2	4					2 1.2	20 30	60				
LCWB2－220W	(2×200~2×600)/5	0.2/0.5 P/P P/P	0.2 0.5 P	50 V·A	2			60	20	15			31.5		80		

注：① 以上级次组合的表达格式，表示有各组额定电流比有相同的级次组合，每个准确级对应的二次负荷和10％倍数为各组电流比通用，每组电流比与每行热、动稳定倍数或电流对应。

② 表达格式，表示有各组额定电流比有相同的级次组合，每组电流比与每行数据对应。

③ L为电流互感器（第一字母）或电容式（第三字母）；A为穿墙式；B为支持式有保护级；R为装入式；D为单匝式（第二字母）或差动保护用；F为复匝式；M为母线式；Q为线圈式（第二字母）或加强型（第四字母或额定电压后）；C为瓷绝缘或瓷箱串级式或差动保护用；Z为浇注绝缘式或支柱式；S为手车开关柜专用；W为屋外型（在电压等级前）或防污型（在电压等级后）；J为加大容量或油浸式或接地保护用。

④ 额定一次电流系列（A）：5、10、15、20、30、40、50、75、100、150、200、300、400、500、600、800、1000、1200、1500、2000、3000、4000、5000、6000。

附表 2-26　电压互感器技术数据

型　号	额定电压/kV			次级绕组额定容量/(V·A)				辅助(剩余)绕组额定容量/(V·A)	分压电容量/μF	最大容量/(V·A)
	初级绕组	次级绕组	辅助(剩余)绕组	0.2	0.5	1	3(3P)			
JDJ-10	10	0.1			80	150	320			640
JDF-10	10	0.1		25	50					
JDZ12-10	10	0.1		40	100	150				800
JDZF-10	10	0.1		30						
JDZJ1-10、JDZB-10	10/√3	0.1/√3	0.1/3		50	80	200			400
JDZX11-10B、	10/√3	0.1/√3	0.1/3	40	100	200		100(6P)		600
JDX-10	10/√3	0.1/√3	0.1/3	100	100			100		1000
UNE10-S	10/√3	0.1/√3	0.1/3	30	40			50(6P)		500
UNZS10	10	0.1	0.1	30	30					500
JSJV-10	10	0.1			140	200	500	可供 CT8		1100
JSJB-10	10	0.1			120	200	480			960
JSJW-10	10	0.1			120	200	480			960
JSZW₃-10	10	0.1	0.1/3		150	240	600			1000
JSZG-10	10	0.1	0.1/3		150			120/√3(6P)		400
JD7-35	35	0.1		80	150	250	500			1000
JDJ2-35	35	0.1			150	250	500			1000
JDZ8-35	35	0.1		60	180	360	1000			1800
JDX7-35	35/√3	0.1/√3	0.1/3	80	150	250	500	100		1000
JDJJ2-35	35/√3	0.1/√3	0.1/3		150	250	500			1000
JDZX8-35	35/√3	0.1/√3	0.1/3	30	90	180	500	100(6P)		600
JCC6-110(W2,CYW1)	110/√3	0.1/√3	0.1	150	300	500	(500)	300(3P)		2000
JCC3-110B(BW2)	110/√3	0.1/√3	0.1		300	500	(500)	300(3P)		2000
JDC6-110	110/√3	0.1/√3	0.1		300	1000	(500)			2000
JDC6-110	110/√3	0.1/√3	0.1		300	1000	(500)			2000
TYD110/√3-0.015	110/√3	0.1/√3	0.1	100	200	400			0.015	
JCC5-220(W1,GYW1)	220/√3	0.1/√3	0.1				(300)	300(3P)		2000
JDC-220	220/√3	0.1/√3	0.1	150	300	500	(500)			2000
JDC9-220(GYW)	220/√3	0.1/√3	0.1			500	(1000)			2000
TYD220/√3-0.0075	220/√3	0.1/√3	0.1	100	200	400			0.0075	
TYD₃500/√3-0.005	500/√3	0.1/√3	0.1	150	300				0.005	

注：J 为电压互感器(第一字母)，油浸式(第三字母)，接地保护用(第四字母)；T 为成套式；Y 为电容式；D 为单相；S 为三相或三绕组结构(引进技术产品)；G 为干式或改进型；C 为串级绝缘(第二字母)，瓷箱式(第三字母)；Z 为浇注绝缘；W 为五柱三绕组(第四字母)，防污型(在额定电压后)；F 为测量和保护二次绕组分开；B 为保护用或初级绕组带补偿绕组(在额定电压前)，防爆型或结构代号(在额定电压后)；X 为剩余绕组。引进技术产品：U 为电压互感器；N 为浇注绝缘；E 为一次绕组一端为全绝缘；Z 为一次绕组两端为全绝缘；S 为三绕组结构。

附表 2-27 常用测量与计量仪表技术数据

代表名称	型号	电流线圈				电压线圈				准确等级
		线圈电流/A	二次负荷/Ω	每线圈消耗功率/(V·A)	线圈数目	线圈电压/V	每线圈消耗功率/(V·A)	cosφ	线圈数目	
电流表	16L1-A、46L1-A			0.35	1					
电压表	16L1-V、46L1-V					100	0.3	1	1	
频率表	16L1-Hz、46L1-Hz					100	1.2		1	
三相三线有功功率表	16D1-W、46D1-W			0.6	2	100	0.6	1	2	
三相三线无功功率表	16D1-VAR、46D1-VAR			0.6	2	100	0.5	1	2	
三相三线有功电能表	DS1、DS2、DS3	5	0.02	0.5	2	100	1.5	0.38	2	0.5
三相三线无功电能表	DX1、DX2、DX3	5	0.02	0.5	2	100	1.5	0.38	2	0.5

附表 2-28 XDJI 型消弧线圈技术数据

型号	额定容量/(kV·A)	系统电压/kV	消弧线圈电压/kV	电流 数值/A	电流 挡数
XDJI-87.5/6	87.5	6	3.63	12.5～25	9
XDJI-175/6	175	6	3.63	25～50	9
XDJI-350/6	350	6	3.63	50～100	9
XDJI-75/10	75	10	6.06	6.25～12.5	5
XDJI-120/10	120	10	6.06	10～20	5
XDJI-150/10	150	10	6.06	12.5～25	9
XDJI-300/10	300	10	6.06	25～50	9
XDJI-275/35	275	35	22.2	6.25～12.5	5

附表 2-29 我国一些城市最热月平均最高温度(℃)

城市	平均最高温度	城市	平均最高温度	城市	平均最高温度	城市	平均最高温度
齐齐哈尔	27.9	兰州	29.7	郑州	32.4	成都	30.2
哈尔滨	28.2	酒泉	29.5	南京	32.3	重庆	33.5
长春	28.2	西宁	24.4	上海	32.3	遵义	30.5
吉林	28.4	乌鲁木齐	29.0	合肥	32.5	贵阳	29.0
沈阳	29.6	克拉玛依	31.4	杭州	33.5	昆明	25.5
锦州	29.1	北京	30.9	福州	34.2	拉萨	23.0
大连	27.2	天津	31.6	厦门	32.2	南宁	32.8
呼和浩特	28.1	石家庄	31.9	台北	33.0	韶关	34.4
包头	29.4	太原	30.3	汉口	33.0	广州	32.6
银川	30.0	济南	32.6	南昌	34.2	湛江	32.6
西安	32.3	青岛	28.8	长沙	34.2	海口	33.7

参 考 文 献

[1] 范锡普. 发电厂电气部分. 2版. 北京：中国电力出版社，1995.

[2] 华中工学院. 发电厂电气部分. 北京：电力工业出版社，1980.

[3] 翟东群，等. 发电厂变电所电气部分的计算和接线. 北京：水利电力出版社，1987.

[4] 西安交通大学，电力工业部西北电力设计院，等. 短路电流实用计算方法. 北京：电力工业出版社，1982.

[5] 君克宁. 电力工程. 北京：水利电力出版社，1987.

[6] 水利电力部西北电力设计院. 电力工程电气设计手册：电气一次部分. 北京：水利电力出版社，1989.

[7] 能源部西北电力设计院. 电力工程电气设计手册：电气二次部分. 北京：中国电力出版社，1991.

[8] 钱亢木. 大型火力发电厂厂用电系统. 北京：中国电力出版社，2001.

[9] 华东六省一市电机工程（电力）学会. 电气设备及其系统. 北京：中国电力出版社，2000.

[10] 涂光瑜. 汽轮发电机及电气设备. 北京：中国电力出版社，1998.

[11] 赵智大. 电力系统中性点接地问题. 北京：中国工业出版社，1965.

[12] 李润先. 中压电网系统接地实用技术. 北京：中国电力出版社，2002.

[13] 东北电力集团公司. 电力工程师手册：电气卷. 北京：中国电力出版社，2002.

[14] 张玉诸. 发电厂及变电所的二次接线分. 北京：电力工业出版社，1980.

[15] 牟思浦. 电气二次回路接线及施工. 北京：中国电力出版社，1999.

[16] 邹讥平. 实用电气二次回路200例. 北京：中国电力出版社，2000.

[17] 胡景生，等. 变压器经济运行. 北京：中国电力出版社，1999.

[18] 电力工业部西北电力设计院. 电力工程电气设备手册：电气一次部分. 北京：中国电力出版社，1998.

[19] 电力工业部西北电力设计院. 电力工程电气设备手册：电气二次部分. 北京：中国电力出版社，1996.

[20] 本手册编写组. 工厂常用电气设备手册：上册. 2版. 北京：中国电力出版社，1997.

[21] 本手册编写组. 工厂常用电气设备手册：上册补充本. 北京：中国电力出版社，2003.

[22] 曾义. 低压电器成套装置技术手册：上册. 北京：中国水利水电出版社，2002.

[23] 中国电力企业联合会标准化中心. 火力发电厂技术标准汇编：第十一卷. 设计标准：上册. 北京：中国电力出版社，2002.

[24] 中国电力企业联合会标准化中心. 火力发电厂技术标准汇编：第十一卷. 设计标准：下册. 北京：中国电力出版社，2002.

[25] 中国电力企业联合会标准化中心. 供电企业技术标准汇编：第二卷. 设计标准：上册. 北京：中国电力出版社，2002.

[26] 国家经济贸易委员会电力司，中国电力企业联合会标准化中心. 电力技术标准汇编.

电气部分：第 2 册．电力系统与变电所．北京：中国电力出版社，2002．

［27］国家经济贸易委员会电力司，中国电力企业联合会标准化中心．电力技术标准汇编．
电气部分：第 4 册．变压器（含电抗器、互感器）．北京：中国电力出版社，2002．